SUPERサイエンス

相対性理論が描く宇宙の未来

東京理科大学大学院理学研究科 准教授
辻川信二 Tsujikawa Shinji

C&R研究所

■本書の内容について

・本書の内容は、2015年1月の情報をもとに作成しています。

●本書の内容に関するお問い合わせについて

この度はC&R研究所の書籍をお買いあげいただきましてありがとうございます。本書の内容に関するお問い合わせは、「書名」「該当するページ番号」「返信先」を必ず明記の上、C&R研究所のホームページ（http://www.c-r.com/）の右上の「お問い合わせ」をクリックし、専用フォームからお送りいただくか、FAXまたは郵送で次の宛先までお送りください。お電話でのお問い合わせや本書の内容とは直接的に関係のない事柄に関するご質問にはお答えできませんので、あらかじめご了承ください。

〒950-3122　新潟市北区西名目所4083-6
株式会社C&R研究所　編集部
FAX 025-258-2801
「SUPERサイエンス 相対性理論が描く宇宙の未来」サポート係

はじめに

近年の観測技術の向上によって、宇宙がどのように進化して現在に至ったかが明らかになってきました。宇宙開闢《かいびゃく》から現在までに、138億年もの月日が経過しており、その間に宇宙は超ミクロのサイズから膨張を続け、現在では光で観測可能な領域は 10^{26} mまでに広がっています。そのような宇宙の膨張は、相対性理論によって記述することができ、それに基づく宇宙の進化は、さまざまな観測と整合的です。

宇宙の観測の精度が向上することで、同時にいくつかの問題も提起されました。特に、現在の宇宙を占めるエネルギーのうち、約95%が未知の暗黒成分であることが明らかになってきたのです。相対性理論によると、宇宙の膨張の仕方はその中にある物質によって決まるので、今後の宇宙進化を予測するには、宇宙の暗黒成分の起源を解明することが鍵となります。本書では、最新の宇宙論で今後の宇宙の未来がどのように考えられているかについて、詳しく解説していきます。

2015年1月

辻川信二

Contents

Contents

chapter 2 宇宙は正確に観測できるの？

chapter 3

宇宙はどのように進化してきたの？

Contents

chapter 4

宇宙はどうやって成り立ったの?

chapter 5

暗黒エネルギーと暗黒物質に包まれた現在の宇宙の状態は？

Contents

Contents

編集協力・本文デザイン　株式会社 エディポック
本文イラスト　有限会社 木村図芸社

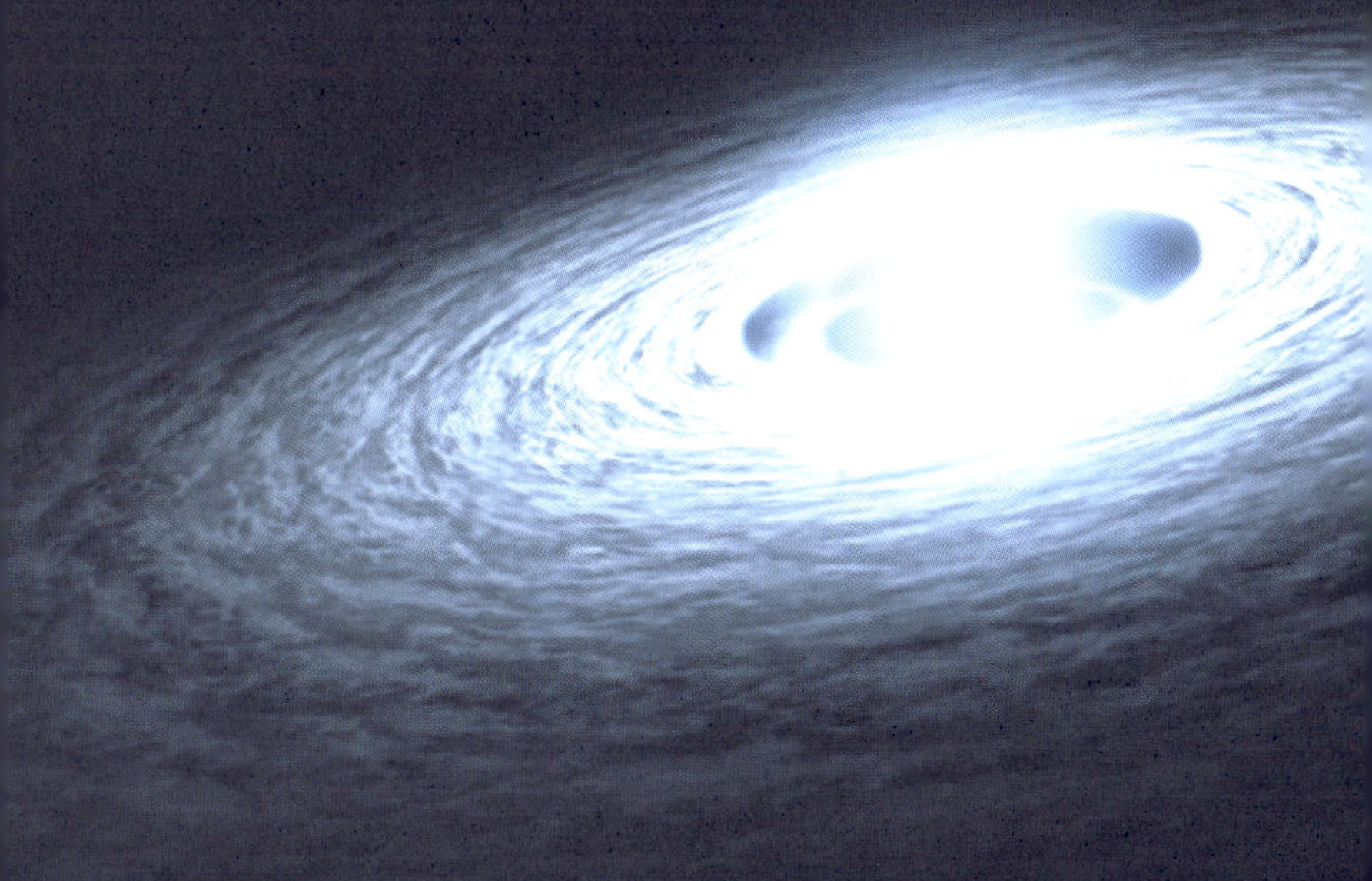

Chapter. 1
現実世界と宇宙の物理法則は同じ?

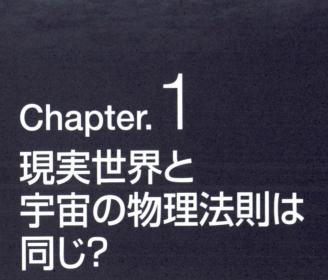

Section

01 自然科学の発展

近代科学の誕生

現代物理学で宇宙の進化と未来を解き明かす

我々の身の周りに起こる自然現象は、ある程度の規則性を持っており、その性質を数式によって表すことで、未来を予測することができます。17世紀に、アイザック・ニュートンは、物体の運動の法則を定式化することに成功し、その後の現代物理学の飛躍的な発展につながりました。さらに今から100年前、ニュートンの運動の法則を発展させ、アルバート・アインシュタインが相対性理論（以下、相対論）を提唱しました。それにより宇宙を記述する時空の構造と重力の新たな姿が明らかにされ、地球の近傍だけでなく、巨視的な宇宙の進化を議論できる方程式を人類は手にすることになりました。

そこで本書では、現代物理学が解き明かす驚くべき宇宙の進化と未来について、基礎から最先端の内容まで詳しく解説していきます。

ニュートンによる運動方程式の提唱

静止している物体に対して力を加えたとき、物体の速度は力を加えた方向に増加していきます。この速度の時間変化(速度の変化のしやすさ)を加速度と呼びます。物体に加える力をFとし、そのときに生じる物体の加速度をaとすると、さまざまな実験によって、aはFに比例することがわかっています。また、質量の異なる2つの物体に対して、同じ力を加えると、質量が大きな物体ほど動きにくいことを我々は経験的に知っています。これは、質量が大きいほど加速が生じにくいことを意味し、実験的に、加速度aは質量mに反比例することが確認されています。

ニュートンはこれらの経験的事実から、物体の

アイザック・ニュートン(1642-1727)

イギリスの物理学者、数学者。ケンブリッジ大学の学生だった1665年頃に、イギリスでペスト病が大流行し、大学は1年半以上も閉鎖され、ニュートンはその間に故郷の町に戻り、自由な研究に没頭した。このときにニュートンは、万有引力の法則、微分積分学を用いた物体の運動の定式化などの研究を行い、決定論的な自然観がもたらされた。

運動に関する下記の方程式(1)を提唱しました。この式は、質量mの物体に力Fが加わった結果として加速度$a = F/m$が生じることを意味し、aはFに比例し、mに反比例するという実験事実を具体的に表現したものになっています。

数式が出てきて少し面食らっている人もいるかもしれませんが、自然現象を数式で記述できるということは、直感や感覚だけに頼らずに、具体的に物体の運動を扱えるという大きな長所があります。ニュートンが偉大であった点は、物体に働く力Fとその際に生じる加速度aを、運動方程式(1)の形で結びつけた点です。特に$F = 0$のときは、$a = 0$ですから物体は加速されず、最初に静止していた物体はそのまま静止し、最初に速度v_0で運動していた物体は同じ速度v_0で等速運動を続けます。つまり、物体に力が働かなければ物体は今までの運動状態を保とうとする性質を持ち、これを物体の慣性といいます。

力Fが0でないときには、運動方程式(1)から加速度aも0でなく、速度の変化がどの程度起こるかがわかります。これに加えて、物体の最初の速度(初速度v_0)が与えられていれば、それ以降の速度の時間変化の割合(加速度$a = F/m$)がわかっているので、任意の時刻tでの速度vも求められます。ニュートン

(1)	$ma = F$

は、運動方程式(1)の提唱とともに、各時刻での加速度aと速度vの関係を記述する、微分積分学の概念も同時に発展させました。具体的には、aはvの時刻tによる微分(vの時間的な変化の割合)で与えられ、微分の逆操作である積分を用いて、aからvを求めることができます。物体が速度vを持っているとき、その位置xは最初の位置x_0から変化します。速度vは、位置xの時刻tによる微分に対応し、もう一度時刻tによる積分を行うことで、vからxを求めることができます。

決定論的な自然観

まとめると、物体に働く力Fから、式(1)によってまず加速度aが求められ、出発点(時刻0)での速度v_0と位置x_0が与えられていると、時間による積分という操作によって、任意の時刻tでの速度vと位置xが求められるという筋書きです。これによって、物体の運動が完全に決定されます(16ページの図)。

以上のように、運動方程式(1)を解き、物体がどのような運動をするかを予測することができます。これは決定論的な自然観であり、自然界がある程度の規則性を持って変動していることを意味しています。このように未来の予測を可能にしたニュートンによる運動方程式(1)の提唱は、いわば自然観の大変革であり、その後の自然科学全般の発展に大きな影響を及ぼしました。

運動方程式(1)は、あくまで実験的に確かめられるものであり、この式を数学的に証明することはできません。自然界を記述する物理法則は、実験や観測を説明するための仮説で成り立っており、物理学で用いられる方程式はすべてそのような性質を持っています。物理学者がある法則を提唱した際に、その正当性は、あくまで実験、観測から検証されることによって保証されるのです。

運動方程式(1)は、地球上での巨視的な物体の運動に関する実験結果や、太陽系での惑星の運動などと基本的に整合的であり、多くの検証実験を経てその正しさが確認されています。ただし、ニュートン力学にも適用限界があり、それは次ページ以降で説明します。

●ニュートン力学

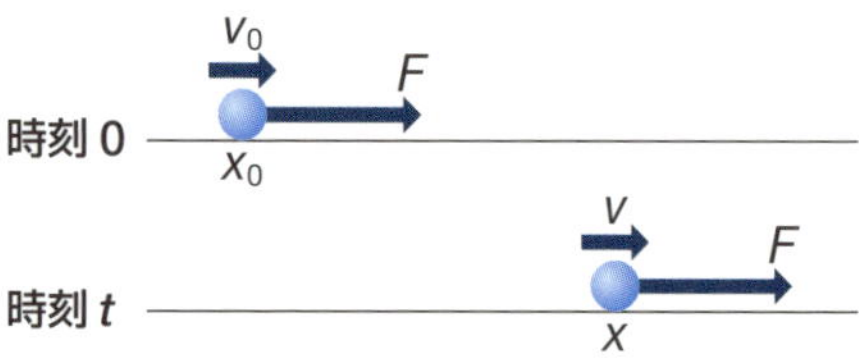

質量 m の物体に外力 F が加わると、結果として加速度 $a = F/m$ が生じる。出発点($t = 0$)での速度 v_0 と位置 x_0 が与えられると、任意の時刻 t での速度 v と位置 x が決まる。

Section 02

運動方程式の適用限界

ニュートン力学でどこまで説明できるの?

場の概念

ニュートン力学は、我々の周りで見られる物体の運動などを正確に記述しますが、地球や我々の周囲の物体の大きさと比べて非常に小さなスケール、もしくは非常に大きなスケールで起こる物理現象に関しても、運動方程式⑴を適用できるのでしょうか。それを説明する前に、力学以外の現代物理学の柱の一つである電磁気学に触れ、歴史的にどのようにニュートン力学の限界が認識されてきたかについて説明します。

ニュートン力学では、物体に力が働くことによって、その物体の運動がどのように変化していくかを定量的に評価します。その力の例として重力があります。これは重い物体Aがあると、その重さによって周りの空間が歪むことにより生じる力です。

この空間の歪みを重力場と呼び、その空間内に別の物体Bを置くと、Bは重力場によってAの方に力を受けると考えられます。例えば、地球があるとその周りの空間が歪んでおり、地球近傍の物体はその歪みによって地球の中心方向に重力を受けます（下図）。

このような場という概念は、重力だけでなく、電荷や磁石によって生じる力（電磁気力）に関しても適用され、現代物理学において極めて重要な概念です。例えば、ある電気量を持つ電荷Qを真空中に置くと、真空の状態が変化します。その変化（歪み）の程度を電場Eと呼びます（19ページの図）。

そして、もう一つの異なる電荷qを置くと、電場Eから電気力$F = qE$を受けます。これは、電荷Qとqの間に働く電気力に他なりません。磁石があるとその周りに磁場Hが生じ、その磁場中を電荷がある速度で通過すると、磁気力が生じます。19

●地球による周囲の空間の歪み

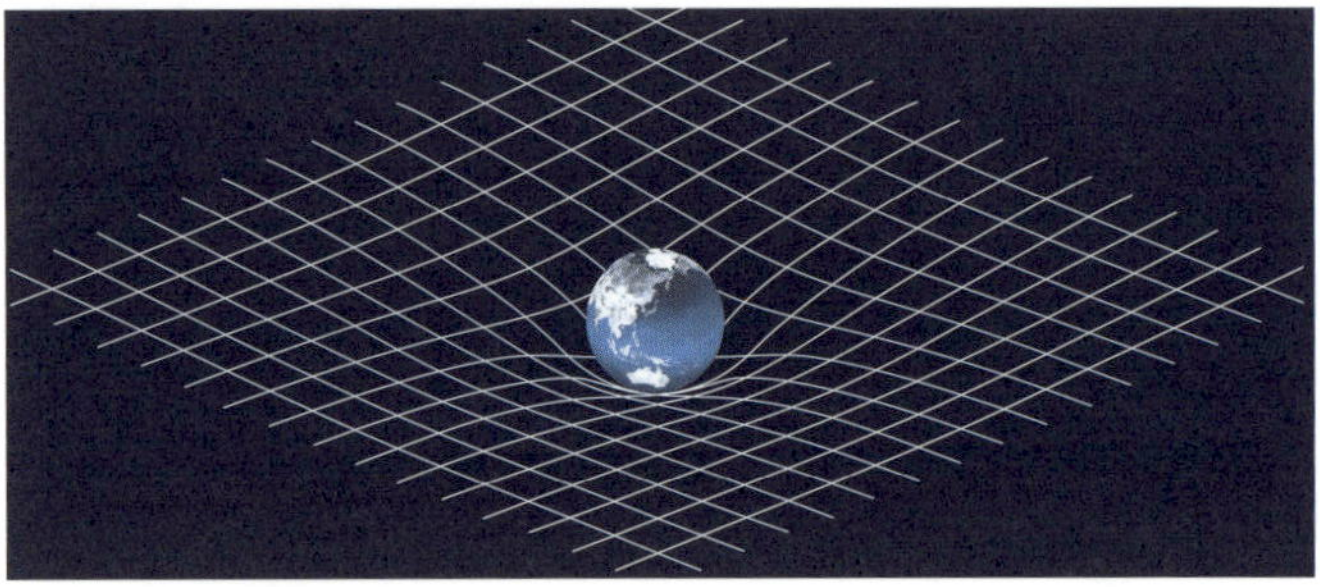

空間の歪みが重力場に相当し、この場によって、地球の周りにある物体は、地球の中心方向に重力を受ける。

世紀の後半になって、電場と磁場を統一的に扱う電磁気学が完成し、それらはマックスウェル方程式という形に集約されました。

電磁波と光の粒子性

ジェームズ・マックスウェルは、電場と磁場が波のように振動しながら伝搬し、その真空中での伝搬速度が光の速度 $c = 3 \times 10^8$ m/s(ここで、mはメートル、sは秒を表す)に等しいことを示しました。電場と磁場は互いに垂直に振動し、光はそれらの振動方向に垂直な方向に伝わります(20ページの図)。つまり、真空に電荷や磁石を置いたときの空間の歪みは光速度 c で伝わるので、電気力や磁気力が生じる際には、波の伝搬時間に相当するだけの時間の遅れがあります。マックスウェルの理論は、ヘルツらによる

●電場と磁場

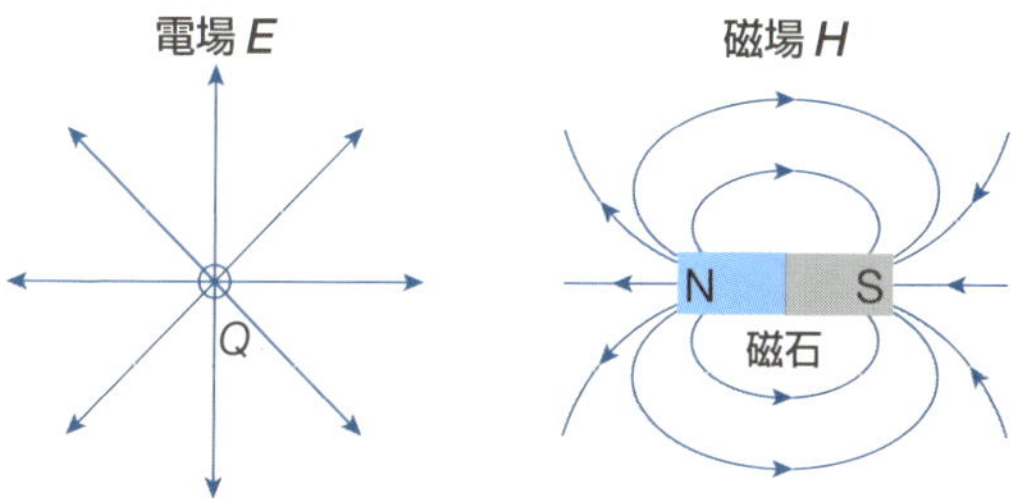

(左)正の電気量 Q を持つ電荷によって周囲の空間に生じる電場 E
(右)磁石によって周囲の空間に生じる磁場 H

電磁波の実験によって検証され、電波による無線通信の発明へと至りました。

　このように、19世紀の後半に電磁波の研究が精力的に行われ、光が干渉や屈折などの波としての性質を持つことが実験的にわかっていました。ところが20世紀に入って、光を金属に当てたときに、ある特定の振動数(1秒あたりの波の振動の回数)を越えたときのみ電子が飛び出す光電効果という現象が発見されました。電子は金属内に束縛されており、その電子を金属の外に取り出すには最低限のエネルギーが必要で、それを仕事関数Wと呼びます。光子の持つエネルギーEがWより大きいと電子が飛び出します(21ページの図)。実験によると、振動数がある値より小さな光では、どんなに光の量(強さ)を増やしても電子は出てきませんでしたが、振動数がある値より大きな光では、光の量が少なく

●電磁波

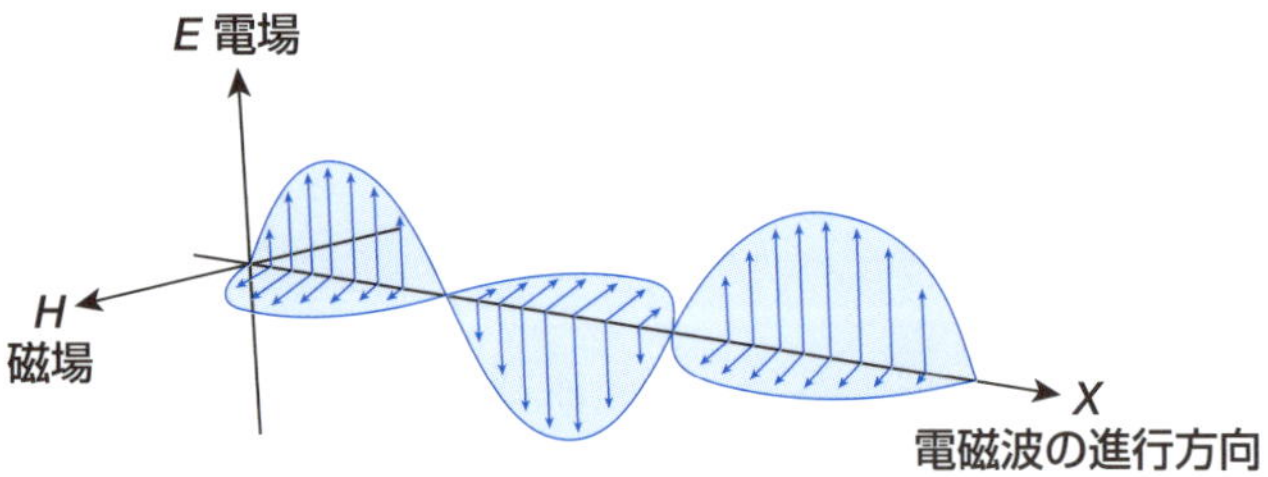

光は電磁波の一種であり、電場と磁場がお互いに振動しながら、それらの振動方向に対して垂直な方向に光が伝わる。

ても出てきました。マックスウェルの電磁波の理論（光の波動説）によると、光のエネルギーは電場または磁場の大きさの2乗に比例し、光の振動数に依存していません。つまり、光を波として考えると光電効果の現象は説明できないのです。

　アルバート・アインシュタインは、光を振動数νに比例したエネルギー$E=h\nu$を持つ粒子（光子）として考えれば、光電効果の現象を説明できることを1905年に発表しました。ここで、$h=6.6\times10^{-34}$ $\mathrm{kg\cdot m^2/s}$（kgは質量を表す）はプランク定数と呼ばれる非常に小さな比例定数です。この光量子仮説は、その後、アーサー・コンプトンらによるさまざまな実験で検証され、アインシュタインはこの業績で1921年度のノーベル物理学賞を受賞しました。

●光電効果

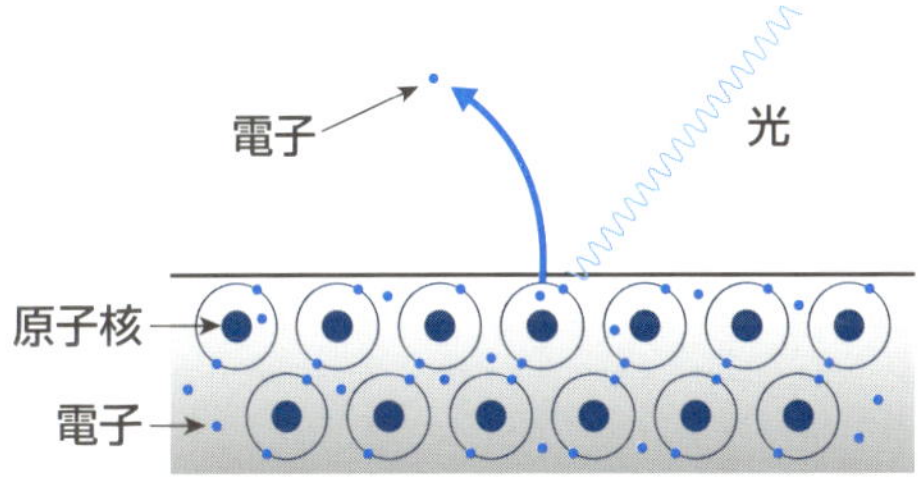

光の振動数がある特定の値よりも大きいと金属から電子が飛び出すが、特定の値より小さいと電子は飛び出さない。

不確定性原理

さらに、1897年のウィリアム・トムソンの実験によって、負の電荷を持つ素粒子が発見され、この素粒子は電子と名付けられました。1925年にクリントン・デビソンとレスター・ガーマーは、ニッケルの結晶を用いて、電子線が回折(光が障害物に妨げられると、その背後に回り込んで伝わる現象)という波動に特徴的な性質を示すことを発見しました。それまで粒子として考えられていた素粒子が波動性を示すことは、陽子や中性子のような他の素粒子でも実験的に確認されました。

このように、光子や電子のような素粒子は、確定された位置を持たず、波のようにある程度の幅を持っていることを意味します。これにより、粒子の位置と速度を同時に特定できない不確定性というものが入ってきて、粒子の位置 x の不確定性と粒子の運動量 p(粒子の質量 m と速度 v を掛けたもの)の不確定性の積は、プランク定数 h よりも小さくすることができません。これは、すでに述べたニュートン力学において、粒子に働く力と初期条件が与えられれば、その後の速度と位置が決定される点と大きく異なります。つまり、素粒子レベルで起こる微視的な物理現象を記述する際には、ニュートン力学では不十分であり、速度と位置の不確定性を考慮した新たな物理理論を構築する必要があります。

ミクロな世界を記述するシュレーディンガー方程式

1925年前後にヴェルナー・ハイゼンベルクやエルヴィン・シュレーディンガーらは、粒子性と波動性を持つ微視的な量子の運動を記述する方程式を提唱し、量子力学という新たな体系を構築しました。量子力学では、量子は基本的に粒子として考えられるのですが、その行動を記述するのがシュレーディンガー方程式という波動関数と呼ばれる波を含む方程式です。この波動関数を2乗したものが、素粒子がある軌道に沿って運動する確率に対応します。つまり、ニュートンの運動方程式のときのように素粒子の位置や速度が直接決まるわけでなく、シュレーディンガー方程式を解くことによって最も確からしい素粒子の軌跡が予測できるという筋書きです。

波動関数は時間の関数として変化しており、粒子の速度などの観測量は、この波動関数の時間変化を考慮した期待値で与えられます。ハイゼンベルクは、このような時間変化する観測量に関する期待値が満たす方程式を導出しました。このハイゼンベルク方程式はシュレーディンガー方程式と等価ですが、ニュートンの運動方程式との対応関係を持っています。ニュートン力学では粒子の速度や位置そのものが観測量ですが、量子力学では観測量に粒子の確率分布を表す波動関数が施されているという違いがあります。

ニュートン力学で扱うような巨視的な物体の運動のときには、波動関数を施すという操作をしなくても、粒子の運動を確定的に取り扱うことができます。具体的には、ある素粒子が波としての性質を示すときの波長（典型的には、原子の大きさ 10^{-10} m と同程度）より十分に大きなサイズの粒子の運動を扱うときには、速度と位置の不確定性が問題にならなくなり、ニュートンの運動方程式を解くことで、粒子の速度と位置を特定できます。逆に、原子と同程度もしくはそれ以下の大きさの微視的な粒子の運動に関しては、ニュートン力学には適用限界があり、それに取って代わるものが量子力学の基礎方程式であるシュレーディンガー方程式（またはハイゼンベルク方程式）です。

強い重力が働く状況を扱えるアインシュタイン方程式

微視的なスケールとは逆に、星や銀河が関係するような非常に大きなスケールでの物理法則はどうなっているのでしょうか。地球近傍や太陽系内で、ニュートン力学がどの程度、正確に成り立っているかの実験が過去に行われてきました。その結果として、地球によって地上の物体に生じる重力のように、重力の大きさがあまり大きくないときは、実験結果がニュートン力学による予測と基本的に一致しました。その一方で、太陽のようにその周囲に生じる重力場がある程度大きいときには、ニュートン力学による予測とずれが生じるような観測結果が、20世紀の初頭に報告されていました。

すでに述べたように、重い物体があるとその周りの空間が歪み、それによって重力が生じます。アインシュタインは、このような空間の歪みによって生じる重力場を、リーマン幾何学という数学的手法を用いて定式化し、1915年に一般相対論を構築しました。一般相対論は、アインシュタイン方程式と呼ばれる基礎方程式に基づいており、これは重力が弱いという条件の下で、ニュートンの運動方程式を再現します。重力が強くなってくると、ニュートン力学からのずれが生じ、先で述べた観測におけるずれは、一般相対論によって完全に説明できるようになりました。

宇宙には、中性子という素粒子でできた星(中性子星)や、ブラックホールのような太陽よりもはるかに強い重力場を作る天体が存在しており、そのような場合には一般相対論を適用する必要があります。また宇宙には、その典型的な大きさが10^{20}m（太陽の大きさの約10^{11}倍）程度の巨大な銀河が多数存在します。このような大スケールでの物理法則を直接的に検証するのは難しいのですが、一般相対論を用いて銀河がどのように形成されていくのかを計算すると、観測されている銀河分布と基本的に整合的になっています。星や銀河の間に働く重力の大きさが小さければ、この場合でもニュートン力学を用いるのは可能ですが、強い重力場を持つ天体が存在すれば、やはり一般相対論による予測とずれが生じます。

宇宙膨張を記述する一般相対論

35ページ以降で述べるように、我々の宇宙は膨張しており、過去にさかのぼるほど物質の密度が大きくなり、重力が強くなります。そのような場合の宇宙の膨張を記述するにも、ニュートン力学では不十分で、一般相対論を用いる必要があります。特にニュートン力学では、粒子の速度が大きくそれによる圧力が無視できない光のような物質（相対論的物質）による圧力の効果を、宇宙の膨張を記述する式に正しく反映できませんが、一般相対論ではそのような効果を組み込むことができます。宇宙の初期には、相対論的物質が支配する時期（輻射優勢期）が存在しますが、そのような時期の宇宙進化は一般相対論で正しく記述されます。また宇宙進化の後期には、圧力が小さい非相対論的物質が支配する時期（物質優勢期）に入りますが、その場合には、ニュートン力学でも近似的に宇宙進化を議論できるようになります。

以上をまとめると、原子のようなミクロな世界の物理現象は量子力学によって記述され、重力が強い状況を含むようなマクロな物体の運動や宇宙の膨張は、一般相対論により記述されます。量子力学と一般相対論はそれぞれ、ニュートン力学をミクロな現象およびマクロで重力が強い場合の現象に適用できるように拡張した理論である、と考えることができます（下図）。

●ニュートン力学の拡張

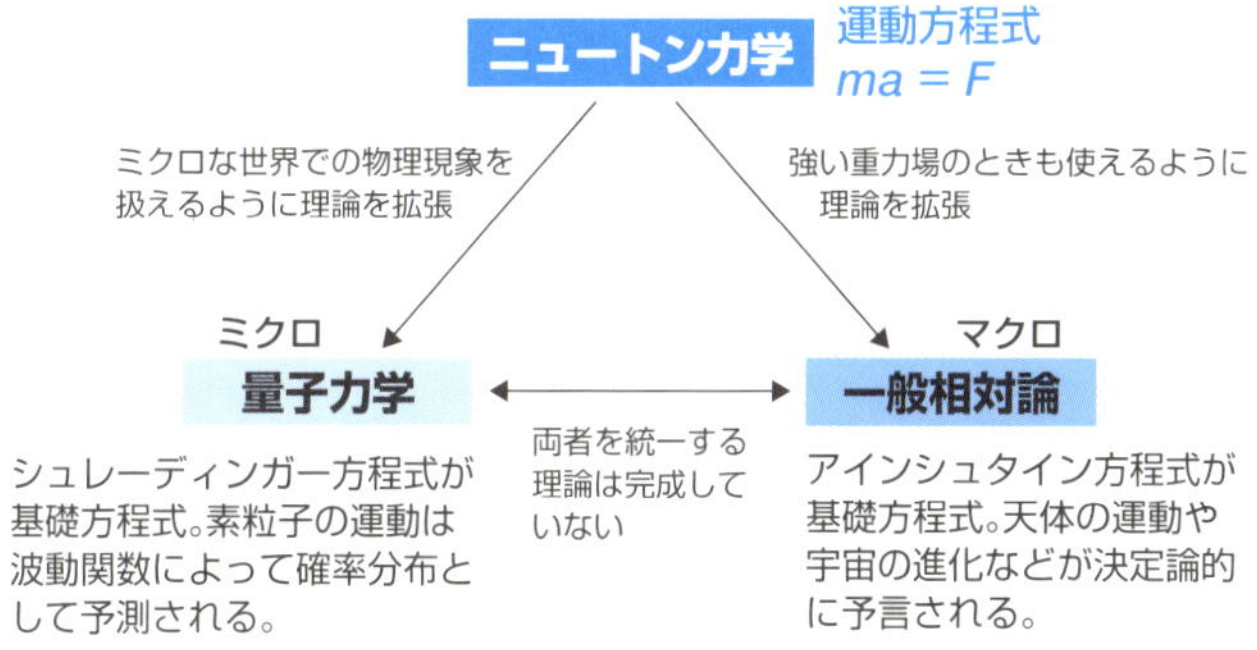

ニュートン力学、量子力学、一般相対論の間の関係を示す。

Section
03 相対論ってどんなもの？

相対論の考え方

光速度不変の原理に基づく特殊相対論

すでに一般相対論に関して触れましたが、実は相対論には、特殊相対論と一般相対論の2種類があります。特殊相対論は1905年にアルバート・アインシュタインによって提唱されたものであり、重力を含まない理論です。一般相対論は、これに重力を含むように拡張した理論です。

ニュートン力学では、時間はどの観測者から見ても同じように経過するという絶対時間の概念が仮定されていましたが、アインシュタインは特殊相対論の構築の際にこの概念を放棄し、時間の経過は観測者によって異なるという相対性原理を導入しました。マックスウェルの電磁波の理論で現れる光速度cは、静止している観測者から見ても、それに対してある一定の速度で運動している観測者から見ても、同じであることがすでに電磁波の方程式から示唆されていました。これに矛盾しないためにアインシュタインは、お互いに等速運動しているどのような観測者から光を見ても、その速度は常に同じ値 c で観測されるという光速度不変の原理を前提としました。

ニュートン力学で仮定されている絶対時間の概念に基づくと、静止している観測者とそれに対してある速度で運動している観測者から光を見たときの速度は異なり、光速度不変の原理に反します。つまり、光速度不変の原理を前提とする以上、絶対時間の概念を放棄せざるを得ず、観測者によって時間の経過が異なるのです。

そしてアインシュタインは、ニュートンの運動方程式を、光速度不変の原理を満たすように

●アルバート・アインシュタイン(1879-1955)

ドイツ生まれのユダヤ人で、20 世紀における最高の物理学者と称される。“奇跡の年”と呼ばれる 1905 年に、光の量子仮説、ブラウン運動、特殊相対論に関する一連の論文を執筆し、1921 年にノーベル物理学賞を受賞した。1915 年には一般相対論を完成させ、これにより強い重力場中での物理を数学的に取り扱うことが可能になった。

修正したのです。

アインシュタインが導出した、特殊相対論における力学の運動方程式は、物体の速度vが光速度cに対して十分に小さいという条件の下でニュートンの運動方程式を再現します。両者の違いが現れるのは、vがcに近くなったときで、我々が日常的に体験する力学現象では、vはcに対して十分小さいので、ニュートン力学で十分です。ただし、vがcに近いときは、速度vで運動する物体にとっての経過時間t_1よりも、その物体の運動を地上で静止した人が見た経過時間t_2の方が長くなります。例えば、宇宙から飛来する粒子の中に、ミュー粒子と呼ばれる光速に近い速度を持つ粒子が存在しますが、その寿命は$t_1 = 2 \times 10^{-6}$ sであり、$ct_1 = 600$ m程度しか進まないはずが、地上の観測者から見ると、上空約1万mから地上まで届いています。これは地上の観測者にとっては、寿命t_2がt_1よりも大きくなり、飛行距離ct_2が長く観測されるためです。

一般相対論の誕生

このように、相対論ではもはや時間は空間と同じように絶対的な意味を持たず、観測者によって変わるあくまでも相対的なものです。我々の住む空間は3次元ですが、これに時間の1次元も加えた4次元の時空という概念を導入すると、力学や電磁気学の方程式を、静止している観測者から見ても、それに対して等速度で運動する観測者から見ても、同じ形式で表される式に書き直すことができます(これを共変性を持つといいます)。アインシュタインは、この4次元時空における共変性という概念を、重力を含む形に拡張し、1915年に一般相対論を構築しました。

すでに述べたように、ある物質を真空中に置くとその周りの空間が歪み、その歪みの程度が重力場に相当します。より正確には、時間も含めた4次元時空の曲がり具合に相当する曲率が、物質の影響を受けて0でない値になります。アインシュタインは、この時空の曲率と物質を結びつける方程式を導出し、この式はアインシュタイン方程式と呼ばれています。この方程式は、重力が強い場合にも使える汎用性の高いものであり、弱い重力の極限でニュートン力学を再現するように構築されています。つまり、ニュートン力学は一般相対論の枠組に内包されており、太陽系内で起こるような巨視的な物体の運動は一般相対論で正しく記述されます。

重力レンズその他による一般相対論の検証

一般相対論に基づくと、太陽のような重い物体の周りの時空は歪んでおり、光はその曲がった空間の中を直進しようとします。しかし、時空自体が持つ歪みのため、光の経路は曲がります(33ページの図)。1919年にアーサー・エディントンは、皆既日食の間に太陽の近傍に見える恒星を観測しました。遠方の恒星から観測者に届く光が太陽の近くを通る際に、太陽が作る重力場のためにその光が曲がります。これにより、観測者から見た恒星の位置はもとの位置からずれて見えます。この現象を重力レンズといいます。

重力レンズによる恒星の位置のずれは、ニュートン力学で予測される値と比べて、一般相対論では2倍になります。エディントンの観測結果は、一般相対論による予言と整合的でした。つまり、重力がある程度強い状況での物理現象を正確に記述するには、一般相対論を用いる必要があるのです。

それ以外にも、水星の太陽の周りでの公転運動に関して、ニュートン力学では説明できない軌道のずれが存在することが、20世紀初頭の観測で知られていました。このずれも、一般相対論を用いて水星の軌道を議論することにより説明でき、理論の予言が観測値と非常に高い精度で一致することがわかりました。このように、太陽系内で一般相対論を検証する観測や実験が現在までに数多く行われてきており、それらはいずれも一般相対論による予言と整合的です。

これらをまとめると、重力が関係するような巨視的な力学現象は一般相対論で正確に記述され、弱い重力の極限で近似的にニュートン力学を用いることができるわけです。地上で起こる物体の巨視的な運動などを議論する際には、重力が弱いために、ニュートン力学で十分によい近似となっているのです。

重力レンズの概念図

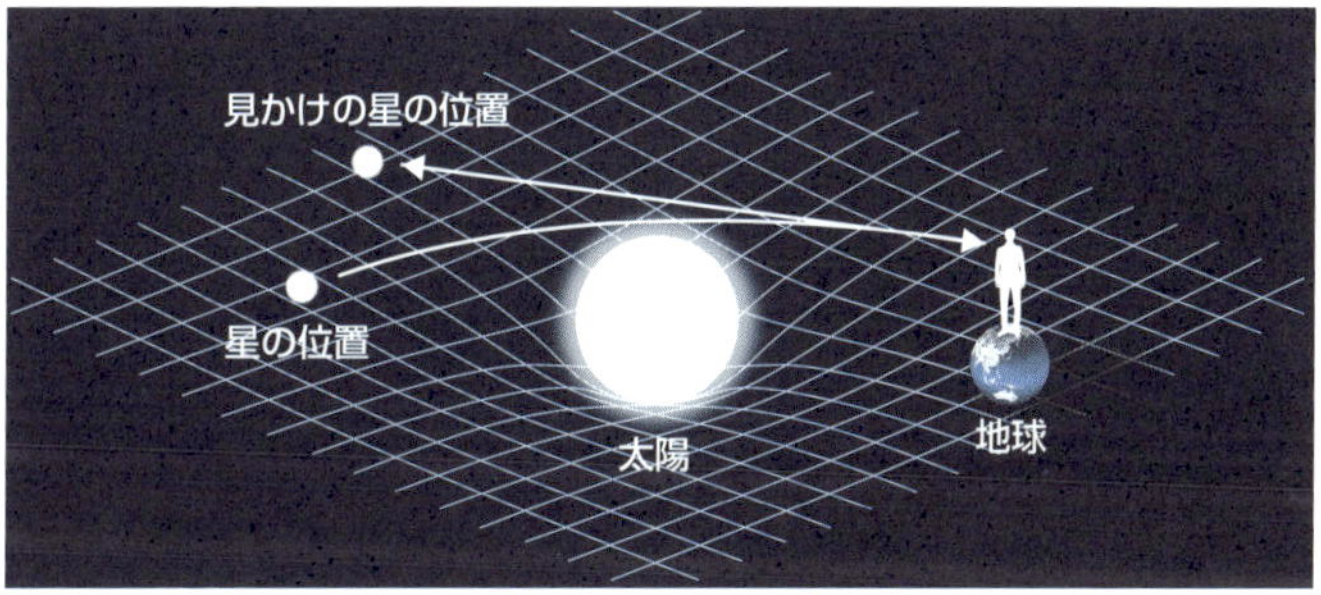

星から出た光は太陽による重力で曲げられ、地球上の観測者に届く。観測者から見ると実際の星の位置とみかけの位置がずれる。

Section 04

一般相対論が記述する物理

一般相対論で世界はどのように説明できるの？

ブラックホール

一般相対論を用いて、太陽よりもはるかに高密度でコンパクトな天体の物理を扱うことができます。例えば一般相対論は、星の重力収縮の極限として、光ですら脱出できない天体の存在を予言します。このような天体をブラックホールと呼びますが、光が放出されないので、我々は直接観測することができません。しかし、ブラックホールの周りの天体やガスの運動などを詳細に観測することなどによって、その存在は確認されています（35ページの図）。

一般相対論が提唱された当時は、理論的には予言できるが現実的には存在しないと考えられていたブラックホールが、最新の観測で次々と間接的に見つかっていることは驚くべきことです。ブラックホールの周りの重力は非常に強いので、もはやニュートン力学は有効ではありません。そのような強い重力場中での粒子の運動は、時空の歪みを表す曲率などを一般相対論に基づいて計算することにより、正確に議論できます。

宇宙の膨張

一般相対論は、宇宙の中で局所的な存在であるブラックホールや太陽などの天体の物理以外にも、空間自体が重力によって時間とともに動的に変化するような場合にも用いることができます。その例として宇宙の膨張があげられます。宇宙の中には物質が存在するため、その影響で重力が生じます。アインシュタイン方程

1994年に発見されたブラックホールの例

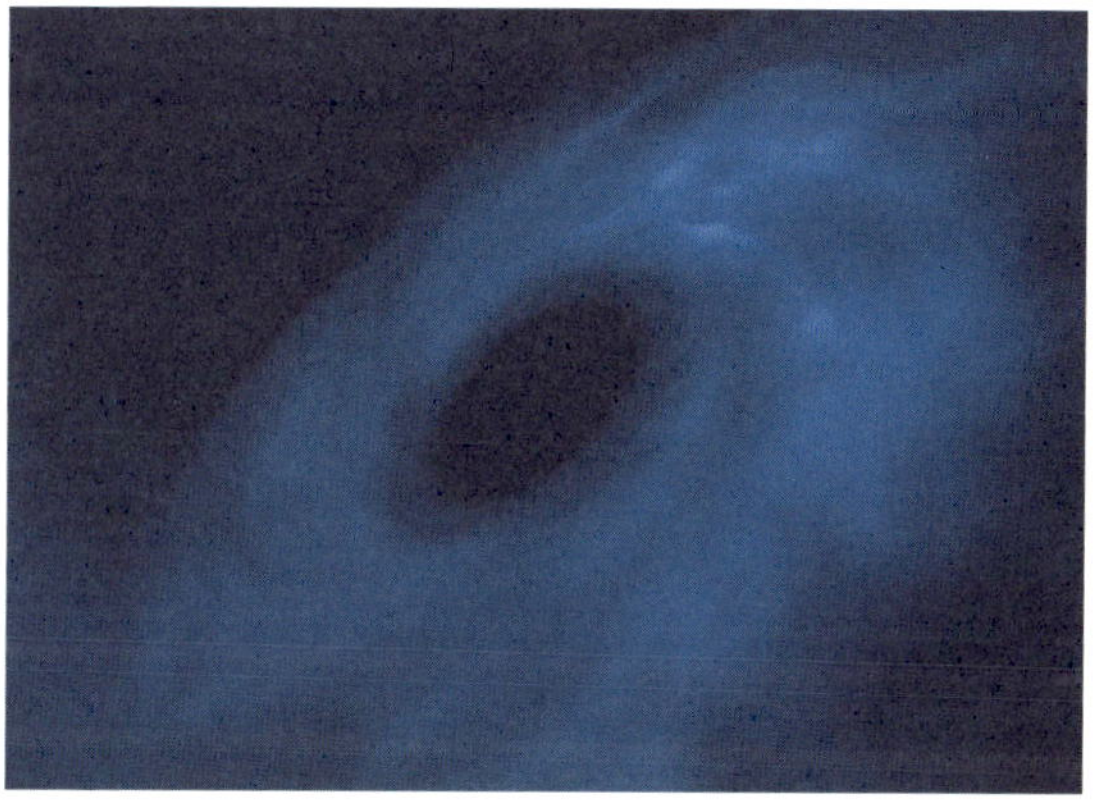

中心部分にある黒い部分がブラックホールで、非常に強い重力場で周りの物質やガスを吸収している。

式は、時空＝物質という関係を表していますから、物質の影響で時空に歪みが生じるということができます。重力もしくは時空の歪みが生じるということは、ある意味、宇宙を定常的であるようにバランスを保つことが容易ではないことを示しています。実際にアインシュタイン方程式を解くと、宇宙が膨張する解が自然に現れます。１９２０年代に宇宙の膨張がエドウィン・ハッブルにより発見されました。一般相対論はそのような宇宙の進化にも適用できる幅広い応用範囲を持っています。

宇宙が膨張していると、過去にさかのぼるにつれ宇宙のサイズはどんどん小さくなり、宇宙初期には量子力学の効果が無視できないような微視的な状態に至ります。そのような超ミクロの宇宙では、前に述べた粒子の位置と速度の不確定性を考慮する必要が出てきます。つまり、一般相対論で記述される宇宙進化に、量子論による不確定性を考慮する必要があるということです。宇宙が、プランク長と呼ばれる 10^{-35} m 程度の大きさより小さくなると、重力を生み出す時空自体を量子的に扱う必要性があり、そのような重力に関する量子論（量子重力理論）は未だに完成していません。つまり、大きさが 10^{-35} m 以下の超ミクロの宇宙を記述するような物理法則を、我々は現状では手にしていないのです。

一般相対論による宇宙進化の記述

その一方で、宇宙のサイズがプランク長よりも大きければ、一般相対論と量子力学を用いて宇宙の進化を記述することが可能になります。一般相対論では、宇宙に存在する物質によって、時空すなわち宇宙の大きさの時間発展が決まります。その物質が何らかの素粒子である場合、一般に量子力学による位置や速度の不確定性が生じますが、その物質のエネルギーや運動量は、波動関数が施された期待値として予測されます。つまり、宇宙が原子レベルの大きさであっても、宇宙に存在する物質のエネルギーや運動量の期待値から、宇宙の進化を予言することが可能になります。宇宙がある程度大きくなると、物質はある種の粒子の集合体(流体)のように振る舞うようになり、量子的な不確定性は問題にならなくなります。

宇宙の後期になって、その速度が光速よりも十分に小さい物質(非相対論的粒子と呼びます)で占められるようになると、アインシュタイン方程式から得られる宇宙進化の式は、ニュートンの運動方程式から得られるものと一致します。つまりこの場合でも、弱い重力の極限(非相対論的極限ともいいます)では、一般相対論はニュートン力学を再現します。ただし宇宙初期のように、粒子の運動エネルギーおよび重力が大きいような状況では、一般相対論を用いる必要があります。

このように一般相対論は、星やブラックホールなどの局所天体が作る重力場はもちろんのこと、プランク長より大きなスケールでの過去から現在までの宇宙進化に適用できる、極めて汎用性の高い重力理論で、理論の予測を根本的に覆すような観測や実験結果は現在までに見つかっていません。

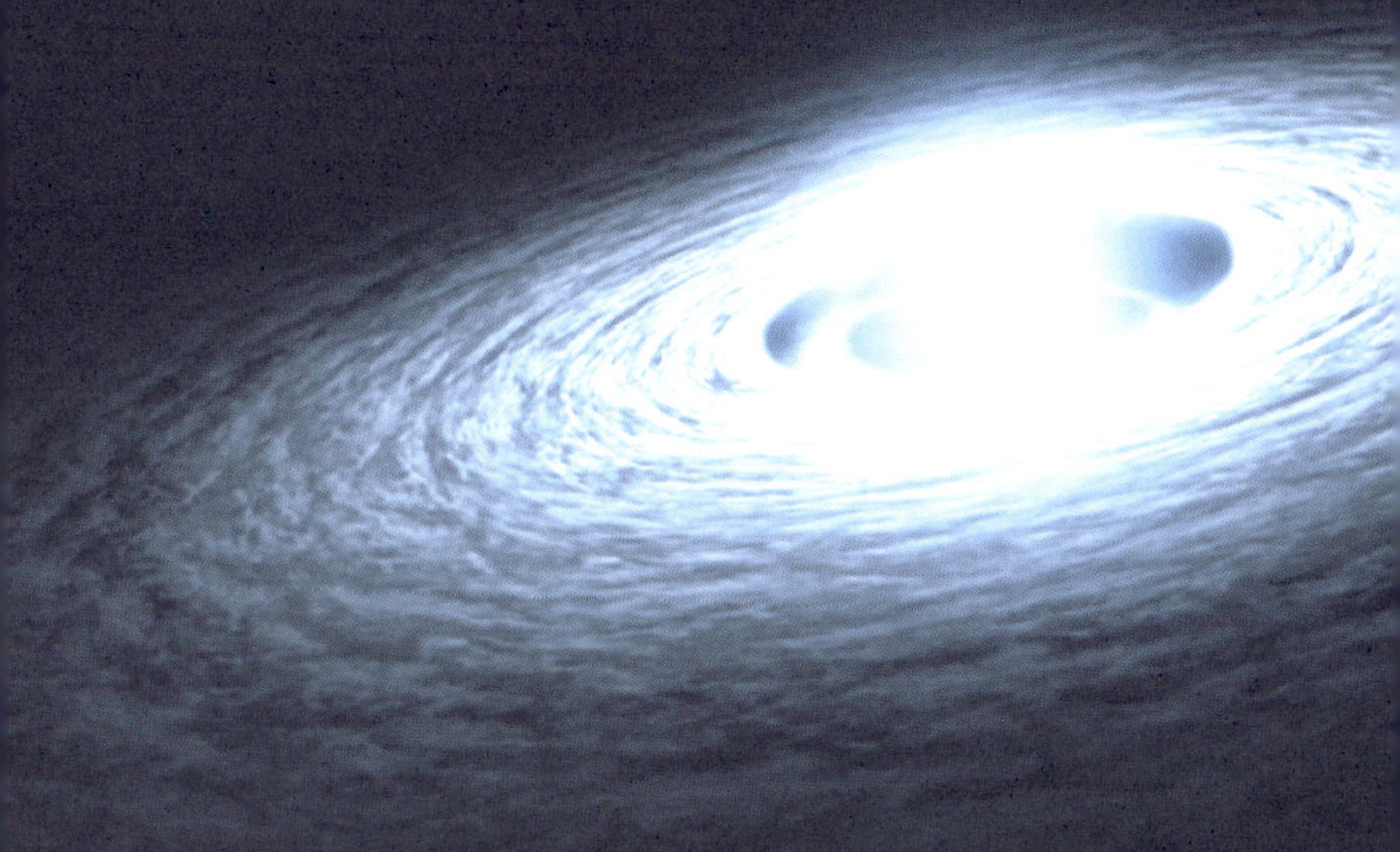

Chapter. 2
宇宙は正確に観測できるの?

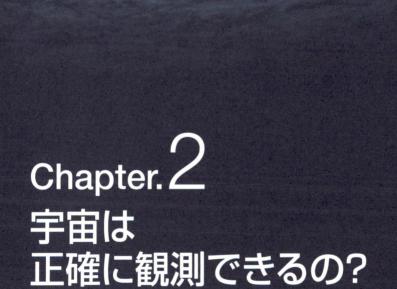

Section 05

宇宙論の変遷

天体観測の進展

古代の宇宙論

古代から人々は、宇宙がどのように成り立っているのかさまざまな想像をめぐらせてきました。紀元前1700年頃のバビロニアでは、天球という巨大な丸い天井に星が張り付いており、太陽神が毎日現れて、東の門を開けて夕方に西の門から出て行くと考えられていました。古代エジプトやインドでも、人々はそれぞれの宇宙観を持っていましたが、これらは、宗教的、哲学的な色彩の濃い非科学的なものでした。しかし古代でも天体の観測は行われており、例えばバビロニア人は、太陽、惑星、月などの運動の規則性を発見し、それから暦を作り始め、星座を考え出しました。

惑星や月などの規則的な運動を決定論的に予言できるようになったのは、ニュートンが17世紀に運動方程式を提唱してからです。ニュートンの運動方程式（14ページの式

(1)を解くことにより、太陽の周りの惑星の運動が一般に楕円《だえん》軌道になることを予言できます。楕円軌道の公転周期も理論的に計算され、地球の場合は1年ですが、下図の中にあるようなハレー彗星の場合は75~76年です。ハレー彗星は最近では1986年に現れ、その前の1910年にも、氷と塵《ちり》が主成分の明るい尾を引いて姿を現しました。

望遠鏡の精度の向上

ニュートン力学によって、太陽系の中の惑星や地球上の物体の運動が議論できるようになった一方で、より大きなスケールでどのような物理現象が起こっている

●太陽の重力を受けてその周りを運動するさまざまな惑星

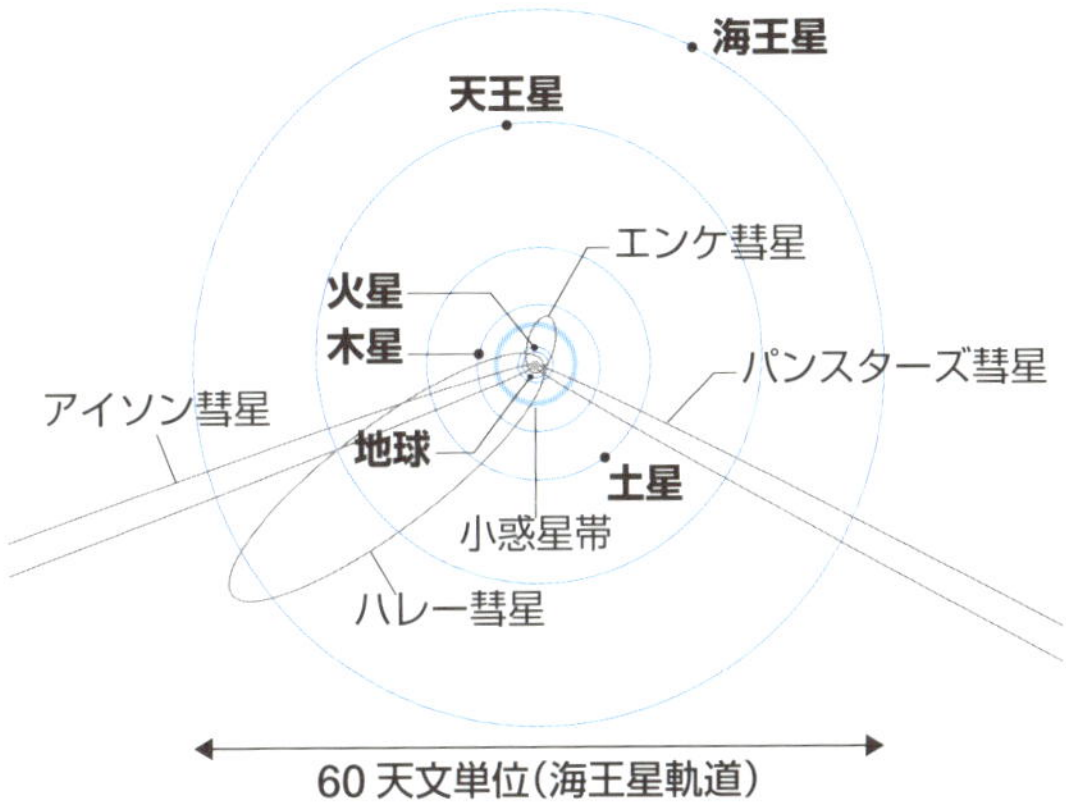

惑星の軌道や周期はニュートン力学から理論的に予測される。

かは20世紀の初頭まではよくわかっていませんでした。もちろん20世紀以前にも、天体望遠鏡を用いた天体の観測は行われており、望遠鏡の発明自体は４００年前にさかのぼります。物理学者のガリレオ・ガリレイは、１６０９年に自らが作った望遠鏡を用いて木星の周りを運動する４つの星を発見し、地球が不動であるとする天動説から、地球が太陽の周りを公転する地動説へと転換する原動力となりました。

望遠鏡の精度が上がれば、それだけ遠方にある天体の運動の様子を正確に観測することができます。19世紀の半ばまでは金属鏡が使われており、その重さと劣化のしやすさで実用性に限界がありましたが、19世紀の後半になってガラス鏡が使われるようになると、状況は変わってきました。特に20世紀の初頭に、軽量で大口径の反射鏡を作ることができるようになると、望遠鏡も巨大化し、より遠方の星や銀河などが観測されるようになってきました。

Section 06

宇宙膨張の発見

ハッブルによる遠方の銀河の観測

銀河までの距離の測定

1917年に、アメリカ西部のウィルソン山天文台で、口径が2.57mの当時世界最大の反射望遠鏡が作られました。エドウィン・ハッブルは、1919年にこの天文台の職員となり、この望遠鏡を用いて遠方の銀河を観測しました。

ハッブルは、アンドロメダ星雲と呼ばれる銀河を詳細に観測し、その中にあるセファイド型変光星を発見しました。この変光星は、明るさを規則的に変える周期性を持ち、星そのものの明るさ(絶対等級と呼びます)が大きいほど、変光の周期が大きくなります。つまり、変光の周期を観測し測定することで、変光星の絶対等級が見積もれます。

光の強度は、距離の2乗に反比例して小さくなっていくため、地球上の観測者が測定する変光星の見かけの等級mは、絶対等級Mと異なります。ハッブルは、このMとmの差から、変光星のあるアンドロメダ星雲までの距離 r を見積もりました。その結果、アンドロメダ星雲は我々の銀河よりもはるか遠方にある別の銀河であることが明らかになったのです。

遠方の銀河の赤方偏移

太陽の周りの惑星の公転運動のように、星や銀河はそれぞれの運動による固有の速度を持っています。観測者から見て天体が相対的に近づいているのならば、天体からくる光の波長は観測者にとって短く測定されますが、波長が短いと光の色が青の方に移行することから、これを青方偏移《せいほうへんい》と呼びます。逆に観測者から天体が相対的に遠ざかっている場合、光の波長は伸びて観測され、波長が長いと赤外線の方に移行するため、これを赤方《せきほう》偏移と呼びます(45ページの図)。

この光の波長の変化は、静止した人に救急車が近づくときには音が高く聞こえ、人を通過して遠ざかると急に音が低くなるドップラー効果と呼ばれる現象に対応しています。音の高さは音波の波長が短いほど高く、救急車が人に近づくときは波長が短い(青方偏移)が、遠ざかると波長が長く(赤方偏移)観測されるのです。

ハッブルは、助手のミルトン・ヒューメイソンと協力して、アンドロメダ星雲をはじめとする遠方の銀河からの光の波長を測定し、ほとんどの銀河が赤方偏移をしていることを発見しました。これは、遠方の銀河が我々から遠ざかっていることを意味します。その後退速度 v は、赤方偏移で波長がどれだけ伸びるかを観測することによってわかります。ハッブルは、1929年までに合計で46個の銀河についての後退速度 v と距離 r を求め、そのうち信頼のできるデータを用いて、縦軸を v、横軸を r として46ページにある図を作りました。

ルメートル・ハッブルの法則

遠方の銀河が後退しているということは、宇

●銀河の赤方偏移

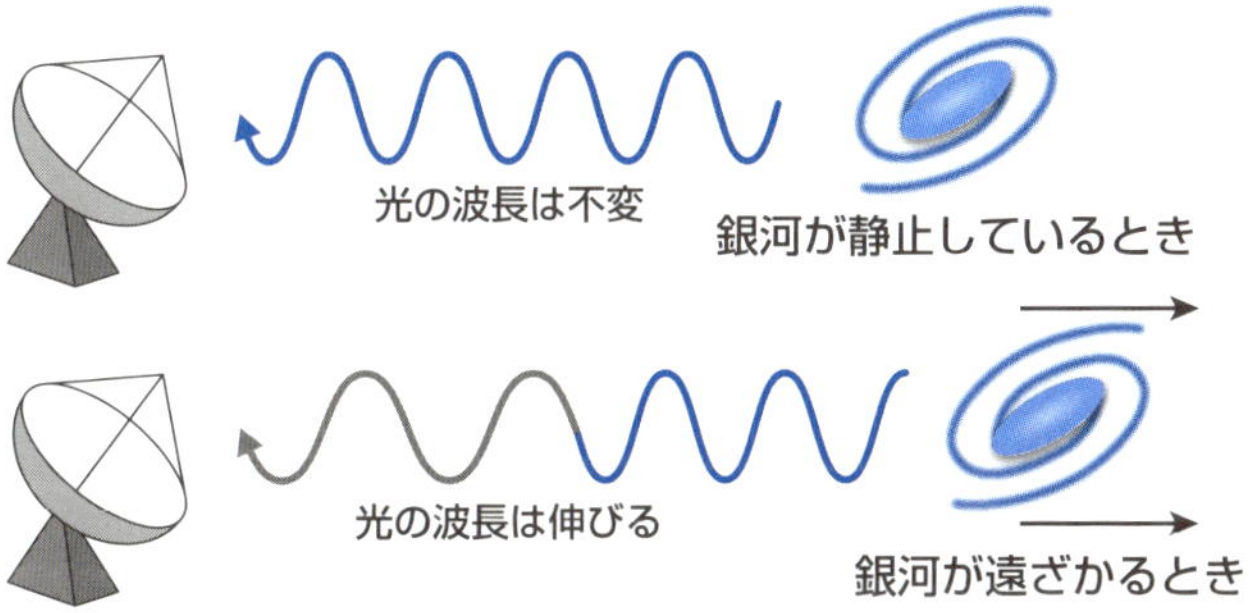

銀河が静止しているとき(上の図)には、光の波長は不変だが、銀河が観測者から遠ざかるとき(下の図)には、波長は伸びて観測される。

宙が膨張していることを意味しています。定常的な宇宙で、ある天体が観測者から見て相対的に静止しているのであれば、観測者から天体までの距離 x は不変です。宇宙が膨張していると、その時間発展に相当するスケール因子 a と呼ばれる量を x に掛けた距離 $r=ax$ が、観測者から天体までの実際の物理的距離になります。天体が公転速度のような固有の速度を持っているとき、x も変化します。地球から近い天体の場合には、一般にこの固有速度が宇宙膨張による後退速度を上回り、下の図で距離が小さい場合に見られるように、地球から見て天体が近づいている場合もあれば遠ざかっている場合もあります。

しかし距離 x が大きい場合には、スケール因子 a の時間変化の方が、x の時間変化を上回る

●1929年に公表されたハッブルの観測データ

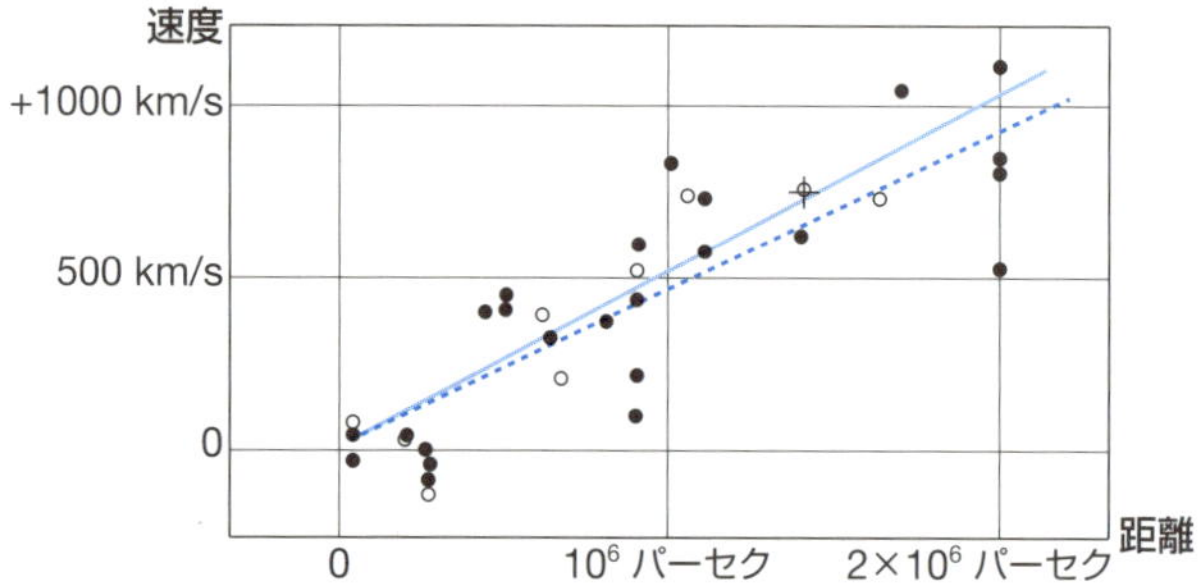

銀河の後退速度 v を縦軸に、銀河までの距離 r を横軸にとった、1929 年に公表されたハッブルの観測データ。この当時のデータの精度はよくないが、v が r に比例して大きくなる傾向は見えている。

ようになります。このとき、微小時間Δtの間の物理的距離$r = ax$の変化をΔrとすると、銀河の後退速度は、$v = \Delta r/\Delta t \approx$※$(\Delta a/\Delta t)x = [\Delta a/(a\Delta t)]ax = Hr$と見積もれます。ここで$\Delta a$は$a$の変化を表し、$H = \Delta a/(a\Delta t)$はハッブルパラメータと呼ばれる宇宙の膨張率を表す量です。Hの現在の値をH_0とすると、過去にさかのぼるにつれて、膨張率Hは大きくなっていきます。しかし、観測者からの距離が10^{10} pc(1 pc = 3.086×10^{16} m に相当)を越えるような非常に遠方にある天体でなければ、Hを近似的に、ハッブル定数と呼ばれる現在の値H_0に置き換えることができます。

46ページの図のように、ハッブルが観測した銀河までの距離rは10^6〜10^7 pc 程度であり、$v = Hr$の式において、HをH_0と置き換え、下記の(2)の式を得ます。

式(2)は1929年にハッブルによって導かれましたが、実はベルギーの牧師であったジョルジュ・ルメートルが、1927年に同じ式をフランス語の論文に発表していたことが、近年になって明らかになりました。その意味で本書では、式(2)をルメートル・ハッブルの法則と呼ぶことにします。

(2)
$$v = H_0 r$$

※ ≈…近似的に等しいことを表す。

46ページの図にあるハッブルによる観測データの精度はよくありませんでしたが、それでもrが大きいところでは$v>0$であり、どの銀河も全体的に観測者から見て後退していることがわかります。ハッブルは、観測データを式(2)で与えられる直線でフィットし、図に示されている直線の傾きから、ハッブル定数を$H_0 \approx 500$ km/(s·Mpc) 程度と見積もりました。ここで、1 Mpc = 10^6 pc であり、通常、H_0の誤差も考量して、$H_0 = 100h$ km/(s·Mpc) という形で表記します。この表記では、ハッブルが得たH_0の値は、$h \approx 5$程度ということになります。

実際には、ハッブルは遠方の銀河までの距離を、正確な値より1桁近くも過小評価しており、正しいH_0はハッブルが求めた値よりも1桁近く小さいことが、その後のより詳細な観測でわかりました。現在のハッブル定数の精密測定では、$H_0 \approx 70$ km/(s·Mpc) 前後の値（つまり、$h \approx 0.7$）が得られています。1 Mpc = 3.086×10^{22} m であることから、$H_0 = 100h$ km/(s·Mpc) の逆数は、時間（秒）の次元を持ち、$H_0^{-1} = (3.086 \times 10^{17}/h)$ s となります。これに$h = 0.7$を代入すると、$H_0^{-1} \approx 140$億年程度の値を得ます。実は、H_0^{-1}は宇宙の年齢とほぼ一致しており、H_0の精密測定によって、宇宙年齢をほぼ140億年程度と見積もることができます。

宇宙膨張発見のインパクト

ハッブルによる宇宙膨張の発見は、宇宙が定常的であるというそれまでの宇宙観を根本的に覆すものでした。アインシュタインですら、一般相対論を構築した当初は、自らの方程式が膨張する宇宙論的な解を予言していたにもかかわらず、そのような解を認めようとしませんでした。宇宙が動的に変化するのは、重力の存在によって力のバランスを保つことができないことが原因になっており、アインシュタインは、宇宙項《こう》という重力と釣り合う項を自らの方程式に追加することで、定常的な宇宙を作ろうとしたほどです。しかし、ハッブルによる銀河の赤方偏移の発見の後、アインシュタインは宇宙膨張の事実を素直に認めたのです。

宇宙膨張の発見は、宇宙はある時期から爆発のように膨張を開始して現在に至ったというビッグバン理論を示唆していました。その一方でフレッド・ホイルなどのように、ハッブルの発見後も、定常宇宙論を支持していた人々もいました。ビッグバン理論をさらに確かなものとして立証するには、銀河の赤方偏移以外の独立した観測を必要としていたといえます。それが、次ページ以降で述べる宇宙背景輻射《ふくしゃ》です。

Section

07

宇宙背景輻射の発見

ペンジャースとウィルソンによる偶然の発見

宇宙の晴れ上がり

宇宙が現在まで膨張を続けてきたとすると、過去にさかのぼるにつれて、宇宙のスケール因子 *a* が小さくなり、宇宙は高密度の状態に至ります。光の温度 *T* は *a* に反比例することが知られており、過去にさかのぼるほど温度は高くなっていきます。1927年にルメートルは、宇宙が高温かつ高密度の超ミクロな状態の「爆発」から始まったとする、ビッグバン理論を提唱しました。1929年のハッブルによる宇宙膨張の発見後の1940年代に、ジョージ・ガモフらはビッグバン理論に基づいて、宇宙背景輻射（CMB）と呼ばれるビッグバンの名残と言える波長の短い電波の存在を予言しました。

ビッグバン理論では、宇宙の初期に、光速に近い速度を持つ相対論的粒子で満たされた時期（輻射優勢期）が存在します。この時期には、光が電子などの粒子と高速で衝突を繰り返し、それらの反応が平衡状態を保っていました。光が電子との散乱(トムソン散乱)を頻繁に起こしている状態では、光は継続的に直進できず、そのため、輻射優勢期に放出された光は我々まで届かず、我々はこの頃の宇宙を直接観測できません。

輻射優勢期に、電子は陽子やヘリウムなどの原子核(80ページ以降を参照)とは独立に運動していますが、宇宙の温度が約3000K(0Kは摂氏マイナス273.15℃に相当)まで下がると、電子は原子核と結合して、原子を構成するようになります(再結合と呼びます)。この頃には、もはや相対論的粒子が宇宙を支配する時期は終わって、速度が小さくなった陽子のような非相対論的粒子が支配する物質優勢期に入っています。再結合が起こると、自由な電子の数が急激に減るため、それまで主に電子との衝突を繰り返していた光が、もはやほとんど散乱されなくなります(52ページの図)。その結果として、光が直進できるようになります。この時期を「宇宙の晴れ上がり」といいます。

つまり、宇宙の晴れ上がり前までは光が電子に散乱され雲の中を進むような状態であったのが、晴れ上がり後は雲のない透明な状態になり、光がまっすぐ進むようになったのです。宇宙の晴れ上がり時の宇宙の温度は約3000Kであり、そこからやってくる光は地球上の観測者に届き、その電波が宇宙背景輻射です。晴れ上がりの時期から現在までに、宇宙のスケール因子は約1000倍まで大きくなり、その結果、現在の宇宙の平均温度は、3000Kの1000分の1倍の約3K（摂氏マイナス270℃）まで下がっています。ガモフは、初期の超高温の光は、宇宙膨張による赤方偏移で波長が引きのばされ、現在では低温の電波としてその痕跡が残っているはずであると予言したのです。

　電波望遠鏡が天体の観測に使われ始めたのは1932年であり、幅広い波長帯の電磁波を用いて、宇宙を観測することが可能になりました。それにより、それまでは可視光（波長が10^{-7}m程度の電磁波）に限られていた天体観測が、目では見えないマイクロ波（10^{-4}mから1m程度の波長を持つ）の領域に及ぶようになったのです。

●宇宙の晴れ上がり

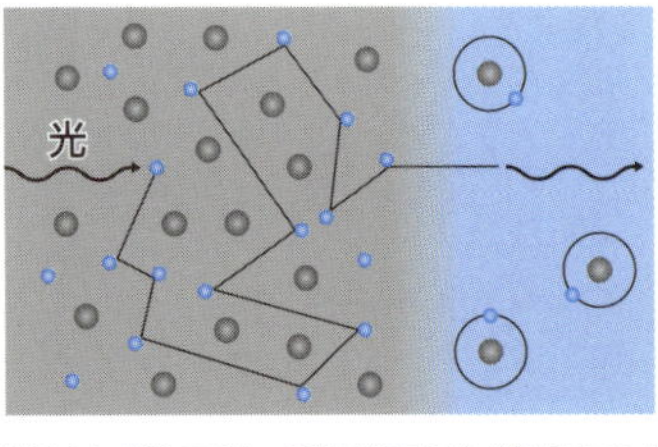

宇宙の晴れ上がり以前（左側）では、電子（青色）が陽子のような原子核（灰色）に束縛されずに運動しており、光は主にこの電子に散乱されてまっすぐ進むことができない。宇宙の晴れ上がり以降（右側）では、電子が原子核に吸収され原子を作るようになり、自由な電子の数が減るため、光が直進できるようになった。

宇宙背景輻射の発見

1964年にアーノ・ペンジャース※とロバート・ウィルソン※は、電波天文学の観測のための高感度のマイクロ波アンテナの研究を行っていました。彼らは、このアンテナで受信する電波から雑音の要因を取り除く研究をしていましたが、その過程でどうしても取り除くことができない電波ノイズに出会いました。この電波は、あらゆる方向から等方的にやってくるものであり、それこそがまさに宇宙背景輻射であったのです。この発見は、宇宙はその初期に高温・高密度の火の玉であったというビッグバン理論を、強く裏づけるものとなりました。

このような大発見の一方で、依然として定常宇宙論を支持する人々は、遠方の銀河の中の星からの光の散乱が観測されているなどと主張をしました。しかしその場合、光の方向は一般に偏りを生じ、宇宙の全方向から等方的にやってくる電波という観測結果と相容れませんでした。そのような観測の積み重ねもあり、1970年代にはほとんどの物理学者がビッグバン理論を支持するようになりました。ペンジャースとウィルソンは、宇宙背景輻射の発見で、1978年のノーベル物理学賞を受賞しました。

アーノ・ペンジャース／ロバート・ウィルソン…宇宙背景輻射を、電波望遠鏡を用いて発見した。この発見で、ビッグバン宇宙論の正しさは決定的となった。

Section 08

温度分布の異方性

宇宙背景輻射の温度揺らぎの発見

黒体輻射によるプランク分布

光のような電磁波を、外からのエネルギーなどの流入がない空洞（黒体《こくたい》といいます）の中に閉じ込め、温度がTの状態に保たれているとき、この黒体から放射される電磁波（黒体輻射）のエネルギーは、プランク分布と呼ばれる波長依存性（スペクトルといいます）を持つことが知られています。この分布に基づく電磁波のエネルギーは、ある波長においてその大きさが最大となり、波長が0または無限大の極限で限りなく0に近づきます。ビッグバン理論が正しいとすると、宇宙は初期に熱い火の玉の黒体であり、そこから放たれる光はプランク分布を示すことになります。

１９８９年に、宇宙背景輻射がどの程度プランク分布に近いのかを明らかにすることを一つの目的として、ＣＯＢＥ衛星が打ち上げられました。ＣＯＢＥは、宇宙の晴れ上がり時からやってくる光の強度のスペクトルを詳細に測定しました。その結果、宇宙背景輻射のスペクトルは、温度が $T = 2.725$ K のプランク分布に高い精度で従っていたのです。下図はその強度を波長の逆数に対してプロットしたものであり、COBEの観測データはプランク分布の理論曲線で見事にフィットできたのです。

この2.725Kという温度は、現在の宇宙の平均温度に対応し、晴れ上がり時に3000K程度であった温度が、宇宙の膨張とともに下がり、現在では2.725Kに相当するプランク分布が観測されているわけです。下図のような、COBE

COBE衛星で観測された、宇宙背景輻射の強度分布

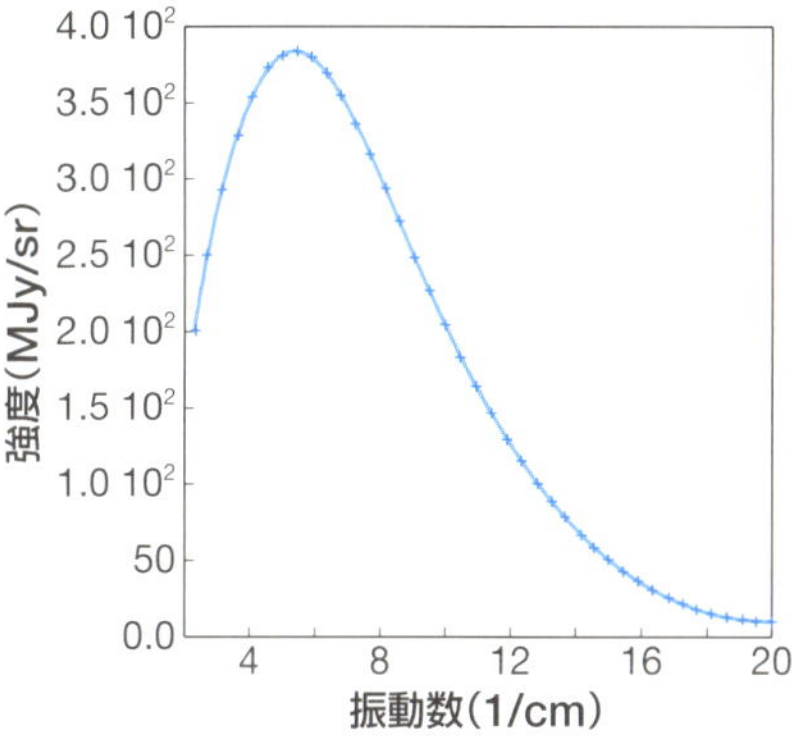

縦軸が宇宙背景輻射の強度、横軸が波長の逆数を表す。+印がCOBEによる観測データで、実線は温度 $T = 2.725$ K のプランク分布の理論曲線。データは理論と完璧な一致を見せた。

の観測データと黒体輻射の理論との完璧な一致により、宇宙が初期に高温の光で満ちていたというビッグバン理論の正しさは決定的なものとなりました。

観測された温度揺らぎ

ＣＯＢＥは、宇宙背景輻射が等方的であり、温度が平均的に2.725Ｋであることを示しましたが、それだけでなく、ＣＭＢの温度が場所ごとにわずかに異なっていることを発見しました。この温度のずれδTは、平均温度$T = 2.725$ Kとの比をとったとき、$\delta T/T \approx 10^{-5}$程度の微小なものです。つまり、宇宙背景輻射は基本的には均一なのですが、細かく見ると10^{-5}程度の温度の揺らぎを持っているわけです。

実は、ＣＯＢＥ衛星が打ち上げられた目的の一つは、この温度の異方性を見つけることでした。57ページの図に、ＣＯＢＥが観測した宇宙背景輻射のマップ（下側の図）を示しています。灰色の部分は温度が平均より高く、青色の部分は温度が平均より低い部分です。上側の図は、ペンジャースとウィルソンの観測による宇宙背景輻射の温度分布で、観測の精度が低かったために、温度の異方性が見えなかったわけです。

このような宇宙背景輻射の温度の異方性がなぜ重要かというと、それが星や銀河のような宇宙の構造を作る種を与えるからです。もし宇宙が完全に均一の状態であったとすると、宇宙に凸凹ができず、局所的な構造も生まれず、人類も存在しませんでした。つまりCOBEは、後に宇宙の大規模構造へと進化する、宇宙初期に存在した揺らぎを検出したのです。COBEによる観測プロジェクトの中心人物だったジョージ・スムートとジョン・マザーは、宇宙背景輻射の温度揺らぎの発見と、その強度分布が高精度でプランク分布に従っていることを発見した業績によって、2006年度のノーベル物理学賞を受賞しました。

実はこの温度揺らぎは、宇宙論のパラ

宇宙背景輻射の観測

(上側)1964年のペンジャースとウィルソンによる観測で、均一な温度分布。(下側)COBE衛星による1990年代初頭の観測で、$\delta T/T \approx 10^{-5}$ 程度の温度の異方性が発見された。

メータに関する多くの情報を含んでおり、そのスペクトル（揺らぎの波長に関する依存性）を詳細に測定することによって、宇宙に存在する物質の割合や宇宙進化などのさまざまな情報を知ることができます。COBEの観測では写真の解像度がまだ低く、細かな領域（小さなスケール）での温度の異方性の情報が十分に得られていなかったのですが、2001年に打ち上げられたWMAP衛星では解像度が上がり、小さなスケールを含む全天での温度揺らぎの観測に成功し、まさに精密宇宙論の幕開けとなりました。その後の2003年のWMAPのデータの公開により、宇宙の過去から現在に至る宇宙の膨張史が高い精度で明らかになったのです。

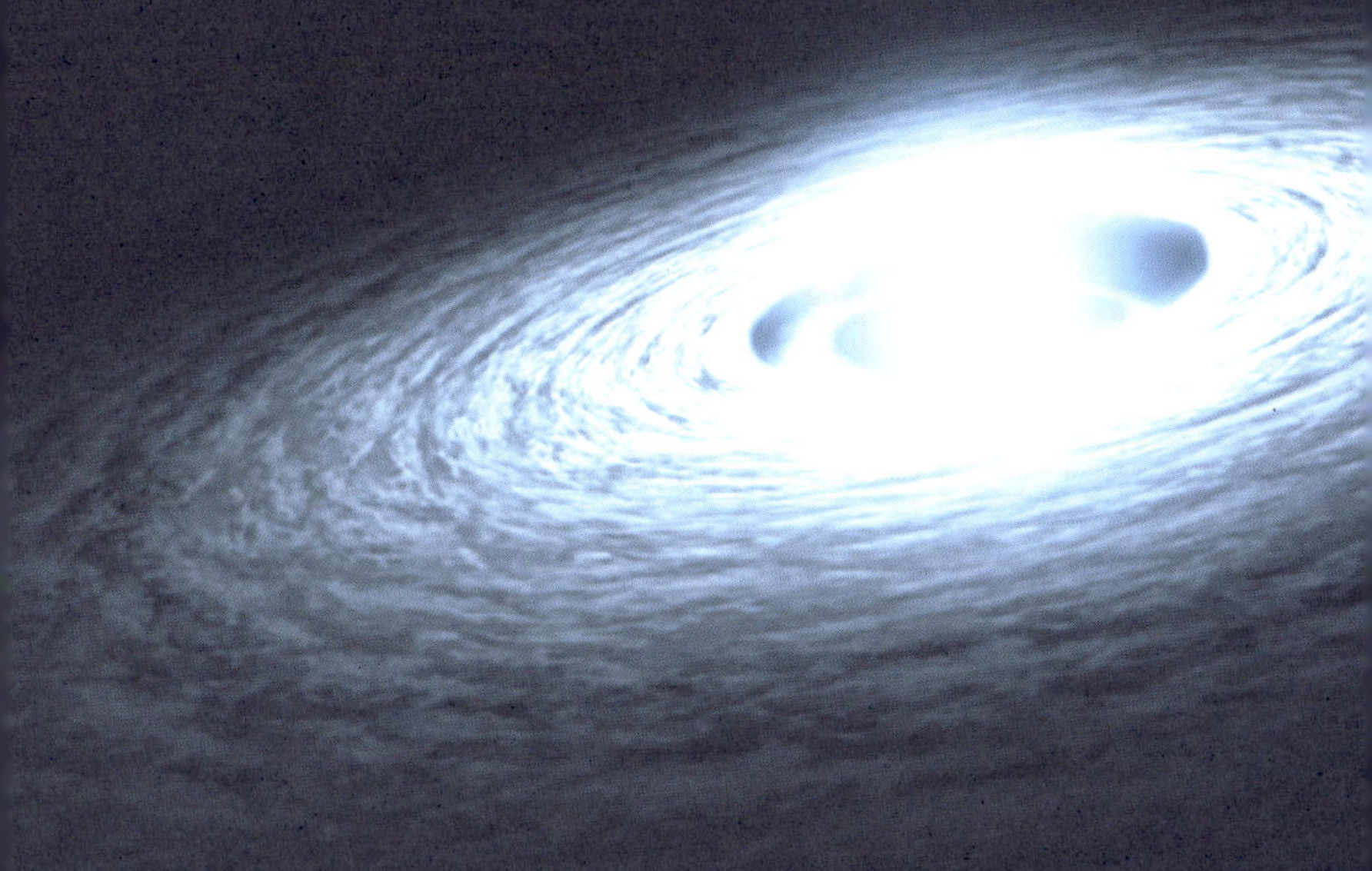

Chapter. 3
宇宙はどのように進化してきたの?

宇宙進化の概観

宇宙進化の時系列

ビッグバン理論に基づくと、初期の頃、宇宙は非常に高密度で高温の状態にありました。このような状態から現在に至るまで、宇宙はどのような進化を遂げてきたのでしょうか。これから概観していくように、宇宙進化の歴史は、その開闢《かいびゃく》から時系列的に、①プランク時期（時刻 10^{-43} s）、②インフレーション期（時刻 10^{-38} s ～ 10^{-35} s）、③再加熱期（時刻 10^{-35} s ～ 10^{-30} s）、④輻射優勢期（時刻 10^{-30} s ～7万年）、⑤物質優勢期（時刻7万年～100億年）、⑥加速膨張期（時刻100億年から現在）のようになっています。以降で、各時期について概観していきます。なお、67ページ以降では、それぞれの時期に関して、より詳しく解説していきます。

プランク時期

過去にさかのぼった極限では、宇宙は超ミクロの状態で、空間にさざなみのような微小な揺らぎ(量子揺らぎ)が存在する状態にありました。そのような量子宇宙の大きさが、プランク長と呼ばれる長さ 10^{-35} m程度(時間でいうと、プランク時間 10^{-43} s程度)よりも小さいと、現状では信頼できる物理理論が存在していないのですが、プランク長よりも大きくなってくると、一般相対論を用いて宇宙の進化を議論することが可能になります。

ただし、宇宙のサイズが例えば 10^{-30} m程度になったとしても、その大きさは原子の典型的な大きさ 10^{-10} mよりも桁違いに小さいため、量子力学による不確定性の効果が無視できません。67ページ以降でより詳しく述べますが、量子力学を発展させた場の量子論と呼ばれる理論に基づくと、真空から粒子と反粒子のペアが量子的に生成し、さらにそれらが真空へと対消滅するということが起こります。物理学における真空はいわゆる空っぽの状態でなく、そのような粒子を作り出すためのエネルギーを蓄えている最低の状態(基底状態)に相当し、実際にそのような真空の持つエネルギーは、実験によって確認されています。

インフレーション期

このような真空のエネルギーが存在すると、宇宙の膨張に影響を与えることが予測されます。宇宙のサイズが 10^{-30} m 程度の頃に、そのようなエネルギーによって、インフレーションと呼ばれる急激な宇宙の加速膨張（速度が増加していく膨張）が起こったと考えられています。より正確には、スカラー場と呼ばれる向きを持たない場が持っているエネルギーがインフレーションを引き起こし、そのエネルギー密度が十分に減少すると加速膨張が終わります。インフレーションの前に、宇宙が膨張を始めたときをビッグバンの開始時とすると、インフレーションは時刻 $t = 10^{-38} \sim 10^{-35}$ s 程度の間に起こり、その間に宇宙は 10^{30} 倍以上に大きくなります。

再加熱期

インフレーション後に、スカラー場の持つエネルギーが、光に近い速度を持つ粒子（相対論的粒子）のエネルギーへと解放され、宇宙は熱い火の玉となります。この時期を再加熱期と呼びます。インフレーション中に、急激な加速膨張による冷却のために宇宙の温度がほぼ0にまで下がるのですが、相対論的粒子がエネルギーを得ることで、宇宙の温度は再加熱期に入り、10^{20} Kを上回るほどになります。インフレーションを起こすスカラー場がどのように相対論的粒子に崩壊するかが完全に明らかにされていないため、再加熱がどの程度の期間続くかは確定しておらず、それはインフレーションの理論とスカラー場の崩壊率に依存します。

輻射優勢期

再加熱期が終わると、宇宙は相対論的粒子が支配する輻射優勢期に移行します。この時期に、陽子、中性子、電子などの基本粒子が真空から生成し、初期にはこれらの粒子は光速度cに近い速度で運動していますが、宇宙の温度が下がるにつれ、質量mの大きな粒子から順番に速度が小さくなっていきます。その速度によるエネルギーが、質量による静止エネルギーmc^2より小さくなると、粒子は速度が光速に比べて十分に小さい非相対論的粒子として振る舞い始めます。

陽子や電子のような素粒子(物質を構成する基本粒子)には、電気量の符号が逆であるが、それ以外の性質が同じである反粒子という粒子が存在し、宇宙の温度が10^{10}〜10^{9} K程度（時間でいうと、$t=1$〜100 s程度）まで下がると、陽子と反陽子、電子と陽電子の対の多くが消滅し、わずかな陽子と電子が残されたと考えられています。光子は中性で反粒子が存在しないため、そのような対消滅が起こらず、ビッグバンから数分後には、宇宙のエネルギーは光に支配されるようになります。ちょうどこの時期に、水素やヘリウムなどの軽元素の原子核が生成されます。

物質優勢期

光のエネルギー密度は、宇宙のスケール因子aの4乗に反比例して減小しますが、その速度が光速よりも十分小さい非相対論的物質のエネルギー密度は、aの3乗に反比例してよりゆっくりと減少するため、やがて後者が前者を上回り、非相対論的物質が支配する物質優勢期に移行します。非相対論的物質と光のエネルギー密度が同じになるのは、ビッグバンから約7万年後で、この時期の宇宙の温度は約10^{4} Kまで下がっています。ここでいう非相対論的物質の中には、もちろん陽子や電子などが含まれていますが、実は非相対論的物質の80％以上は、暗黒物質という未知の存在であることが、観測的に示唆されています。陽子や電子のような通常の物質は光を当てると見えますが、暗黒物質は見ることができません。ただし、重力によって集まることができ、後に述べる宇宙の大規模構造の形成の主役を担った存在です。

宇宙が物質優勢期に入り、光の温度が3000K程度までに下がると、宇宙の晴れ上がりが起こりました。これはビッグバンから約38万年後に相当し、光が直進できるようになった時期です。晴れ上がり期からしばらくの間、宇宙に天体のような構造がほとんど存在しない暗黒時代が到来しますが、ビッグバンから4億年くらいして、最初の星が誕生しました。これは、暗黒物質のような非相対論的粒子が重力で集まってできたものであり、多くの星が互いに重力で引きつけ合い、さらに大きな銀河や銀河団が誕生しました。つまり物質優勢期は、宇宙の大規模構造を作るのに欠かせない存在なのです。

加速膨張期から現在

ビッグバンから約100億年後、物質優勢期が終わり、宇宙は加速膨張期に入りました。この後期加速膨張期の存在は、1998年の遠方の超新星のデータをはじめとするさまざまな独立な観測によって確認されています。この加速膨張を引き起こす源は暗黒エネルギーと呼ばれ、現在の宇宙の全エネルギーの約70%を占めています。暗黒エネルギーの起源は不明ですが、本書の後半以降で詳しく議論するように、その起源によって宇宙の未来も変わります。なお、以上の宇宙進化の流れを下図にまとめました。

●宇宙の進化の歴史

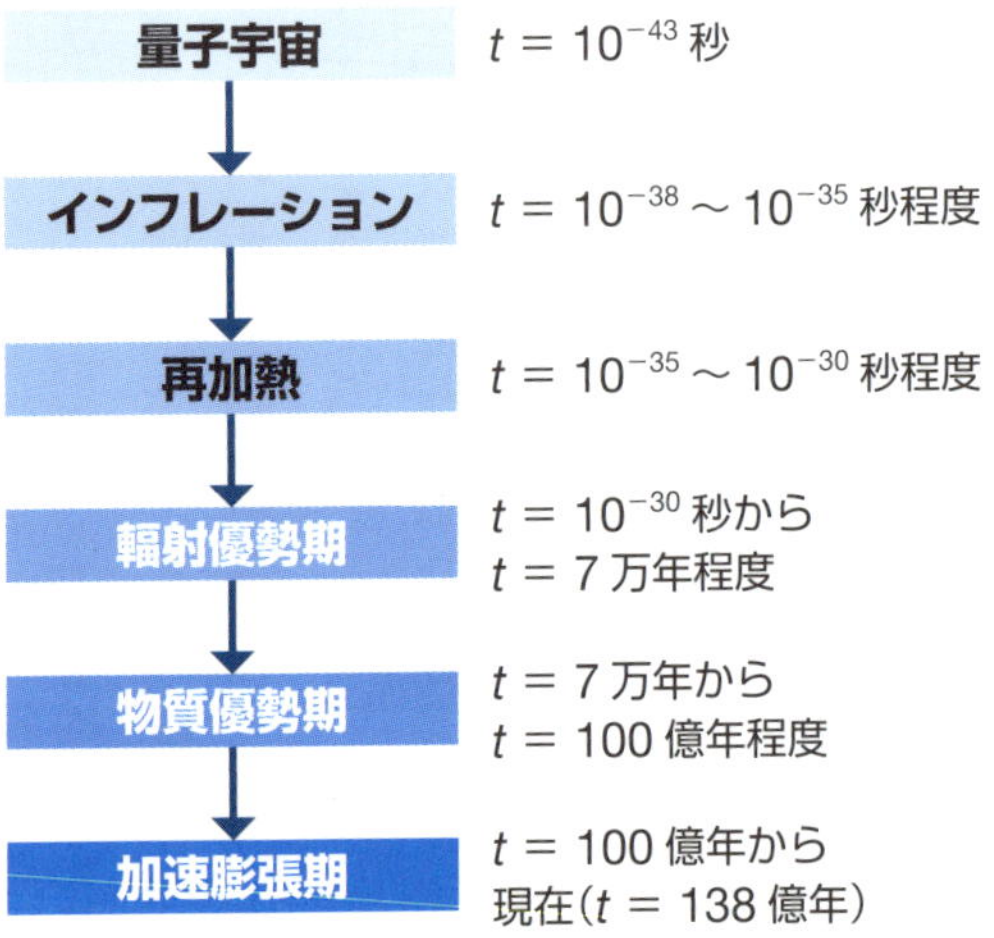

それぞれの時期で宇宙を支配する物質が異なる。

Section 10
量子宇宙
超ミクロな宇宙

4つの力の分岐

自然界には重力以外に、電磁気力、素粒子間に働く強い力と弱い力の4種類の力があり、もともと、これらの力は統一されていて1種類であったのが、時間とともに4つに分かれたと考えられています。重力は4つの力のうち最も弱く、宇宙のサイズがプランク長 10^{-35} m程度(時刻では、10^{-43} s程度)になったときに最初に他の力から分離します。プランク長よりも大きなスケールでは、一般相対論を用いて宇宙の進化を議論することが可能になります。アインシュタイン方程式は、時空=物質という関係を表しており、宇宙に存在する物質によって時空の振る舞い、すなわち宇宙の進化が決まってくるのです。

1960年代にスティーヴン・ホーキングとロジャー・ペンローズは、重力が膨張宇宙でどのように働くかを一般相対論に基づいて計算し、宇宙のスケール因子 a が0に近づく極限で密度などの物理量が発散し、特異点が現れることを示しました。しかしこの結果は、量子論的な効果を含まない古典的な計算に基づいています。プランク長 l_p よりも小さなスケールでは、時間と空間を統合した時空構造を量子的に取り扱うことが必要になるため、古典的な一般相対論による議論は、a が l_p よりも小さな領域では破綻するのです。

残念ながら、一般相対論と量子論を統一した量子重力理論は未だに完成していません。逆にいえば、量子重力理論が完成しなければ、宇宙初期に特異点が現れるかどうかについての正確な議論ができないことになります。現状で量子重力理論の候補として有力なのは、超弦理論※やループ量子重力理論※と呼ばれるものであり、それらに基づくと、特異点の回避が可能な宇宙論的な解の存在を予言します。例えば、宇宙が収縮の状態からある有限の大きさで膨張する解へと転移する、バウンス解などです。いずれにせよ、量子重力理論が完成した暁には、特異点の問題が解消されることが期待されています。

超弦理論…物質の最小単位を、点状の粒子でなく1次元の広がりを持つ弦と見なす理論。
ループ量子重力理論…時空の最小単位を、ループ状の原子のような構造と見なす理論。

量子論における真空

ビッグバンから10^{-38} s程度経過すると、重力以外の3つの力のうち、強い力が電磁気力と弱い力から分離したと考えられています。この強い力が分岐した頃の宇宙は、大きさが10^{-30} m程度で非常に小さく、量子力学による不確定性の効果が効き、ある素粒子の位置と速度を同時に特定できません。そのような素粒子に付随するエネルギーとして、位置xに関係する位置エネルギーUと速度vに関係する運動エネルギーKがあります。例えばニュートン力学との対応では、水平面上でバネにつながれて速度vで運動する質量mの質点があります。バネの伸びをx、バネの強さに相当する定数をkとして、$U = kx^2/2$、$K = mv^2/2$で与えられます。ニュートン力学ではxとvを同時に0にできますが、量子力学では不確定性原理から同時に0にできず、エネルギーの和$E = U + K$は0になりません。

量子力学で扱う素粒子の粒子性と波動性という2面性は、素粒子を電場や磁場のような場として解釈し、その場を量子化する場の量子論という枠組みで理解することができます。この理論では、すべての素粒子を、電場や磁場と同じように空間にある程度の広がりを持って存在する場と見なし、その場そのものを量子的な存在として扱うことにより、素粒子の生成の起こりやすさ（期待値）などを具体的に計算できるのです。そして、そのような素粒子の生成率などの観測値は、場の量子論が予測する理論値とよい一致を見せています。

素粒子に付随するエネルギーEを完全に0にすることができなかった量子力学に対応して、場の量子論のエネルギーの最低状態（真空状態）でも0でないエネルギーが存在します。このようなエネルギーによって、真空から粒子を生成することが可能なのです。つまり、場の量子論における真空とは、物質をすべて取り去っても空間から物質が沸き出す、エネルギーの存在する空間であり（下図）、実際にカシミア効果※という実験でそれは確認されています。場の量子論では完全に無の状態はあり得ず、真空とはエネルギーの最も低い状態と定義されるのです。

●真空の状態

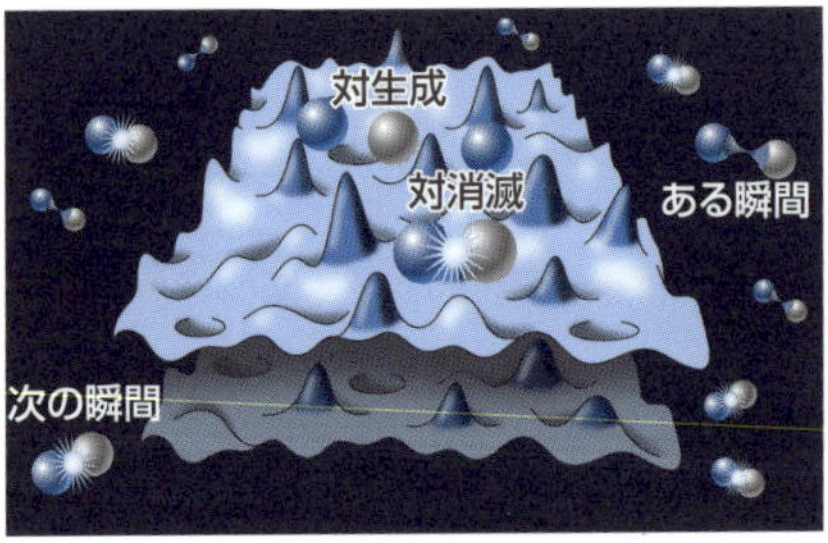

量子論では真空は無の状態でなく、エネルギーの最低状態に相当する。真空から、絶え間なく粒子と反粒子が生成しては消滅している。

カシミア効果…2枚の金属板を、真空中で非常に小さい距離を隔てて置くと、互いが引きつけ合う現象。

Section 11

インフレーション、再加熱

宇宙初期の急激な加速膨張

平坦性問題の解決

インフレーション理論は、ビッグバン宇宙論が内包していたいくつかの問題点を解決するために1980年初頭に提唱されました。そのうちの一つとして平坦性問題があり、これは現在の宇宙が観測的になぜ平坦に非常に近いのかという問題です。もし、初期の宇宙に少しでも歪みがあり、過去から現在までの宇宙の変化が速度が減っていく減速膨張であったとすると、現在の宇宙の歪みは非常に大きくなります。つまり、紙に直線を書こうとしても、紙自体が曲がっており、曲線になってしまうような状況です。

宇宙初期に、加速的な膨張が十分に長く起こったとすると、最初に空間が曲がっていて2点を結ぶ線が曲線であったとしても、インフレーションによる急激な膨張で空間が十分に平坦になり、曲線は直線に見えるようになります。インフレーションが終わると、宇宙は減速膨張を始め、平坦な状態から少しずつずれていきますが、インフレーション中にスケール因子が10^{30}倍以上大きくなれば、平坦性問題を解決できます。それ以外にもインフレーションは、宇宙背景輻射の温度揺らぎや宇宙の大規模構造と関連する地平性問題という問題も解決しますが、それは116ページ以降で解説します。

インフレーションを起こす起源

インフレーションは、69ページで解説した、真空が持つエネルギーの存在により起こったと考えられています。真空のエネルギーの計算は、通常は場の量子論によって行われます。現代の素粒子論は、場の量子論を基盤とする標準模型に基づいており、その理論的予測は、10^{12} eV（ここで、1eVは電子1個に1Vの電圧をかけたときに得られるエネルギー）程度までのエネルギースケールでの多くの素粒子実験によって、検証されています。しかし、宇宙背景輻射の温度揺らぎの振幅の観測によって、インフレーションの起こった時期の宇宙は、10^{25} eV程度の超高エネルギーであったことが示唆されています。

そのような超高エネルギー状態での物理現象を、地上の加速器実験で検証することは現状ではできません。インフレーションが関係するようなエネルギースケールでは、もはや素粒子の標準理論が有効でない可能性が大きく、新しく取って代わる理論が必要であると考えられています。それ以外にも、現在の宇宙のエネルギーのうち約25%が、暗黒物質という未知の物質であることが観測的にわかっていますが、標準理論はそのような粒子を予言しません。つまり、素粒子の標準理論に何らかの拡張をしないと、そのような粒子の存在を説明できないのです。

そのような拡張された理論の例として、超対称性理論というものがあります。自然界の素粒子は、その自転(スピン)運動に関して、フェルミ粒子(物質を構成する粒子)とボース粒子(物質間に働く力を伝える粒子)という2種類に分類されますが(詳しくは80ページ以降を参照)、それぞれに対応するボース粒子とフェルミ粒子が存在すると考えるのが超対称性理論です。ボース粒子とフェルミ粒子の入れ替えは、超対称性変換という変換に基づいています。この超対称性理論に属するものとして、粒子を弦の集合体であると見なす超弦理論があり、自然界の4つの力を統一する候補として期待されています。

素粒子の標準理論や超対称性理論では、向きを持たず、スピンのない粒子に対応するスカラー場がしばしば登場します。2012年に発見されたヒッグス粒子は、スカラー場の一種であり、真空が対称性を破って相転移※という現象を起こすと、真空はヒッグス場で満たされるようになります。ヒッグス場は、光速で運動しようとする素粒子にブレーキをかけ、各粒子に質量を与える役割をします。これをヒッグス機構と呼びます。

ただし、ヒッグス場は素粒子の標準理論で現れる粒子であり、それに関係する典型的なエネルギースケールが10^{11} eV程度であることから、そのままではインフレーションには使えません。通常は、超対称性理論のような、素粒子の標準理論を超えた枠組で現れるスカラー場(インフラトン場)がインフレーションを起こす起源であると考えます。

インフレーション模型の構築

最初のインフレーション模型は、1979年にアレクセイ・スタロビンスキーによって提唱され、これは、時空の曲がりに相当する曲率Rの2乗の項R^2が宇宙の初期に支配的になることによる加速膨張です。この模型は、一見するとスカラー場を含んでいないのですが、理論を一般相対論と似た形式に書き直すと、実質的にスカラー場が現れ、

相転移…エネルギーの高い偽の真空から、エネルギーの低い真の真空に転移する現象。

その場は、曲率の2乗の項R^2が由来のポテンシャルエネルギーを持っています。ここでいうポテンシャルエネルギーとは、いわば真空のエネルギーに対応し、スカラー場が静止している状態でも潜在的に存在しているエネルギーです。

1980年2月、5月、8月には、佐藤勝彦、デモステネス・カザナス、アラン・グースがそれぞれ独立に、大統一理論※で現れるヒッグス場が起こす真空の相転移によるインフレーション模型を提唱しました。これらの研究により、インフレーションがどのように平坦性問題や地平線問題を解決するのかが明らかにされましたが、この模型では、相転移に伴って生じる真空の泡同士の衝突により、インフレーションが十分長く続かないことが明らかになりました。

この相転移の模型では、スカラー場の運動する方向が登りの坂道のようになっていて、いわば前方に障壁がある状態なのですが、量子的には場の位置が揺らいでいるため、トンネル効果と呼ばれる現象で、量子的に障壁を乗り越える効果を利用しています。相転移とは異なり、障壁を持たない平坦に近いポテンシャル(つまり、勾配が緩やかな下りの坂道)上をスカラー場ϕがゆっくりと転がれば、相転移に伴う真空の泡の発生の問題がなく、十分長い加速膨張を実現することが可能です。これをスロー・ロール・

大統一理論…電磁気力、強い力、弱い力を統一しようとする理論。

インフレーションと呼び、アンドレイ・リンデが1982年にその最初の着想を得ました。

現在までに、超対称性理論で現れるようなスカラー場ϕのポテンシャルVを用いた、インフレーション模型の構築の研究が活発に行われてきました。そのような例は下図にあり、ポテンシャルに平坦な部分があれば、その部分をスカラー場がゆっくりと動くときにインフレーションが起こります。

インフレーションの終わり

下図にあるように、ポテンシャルは$V=0$の底を持ち、スカラー場がその底での値(真空期待値)に近づくと、ポテンシャルの勾配

●インフレーションの機構

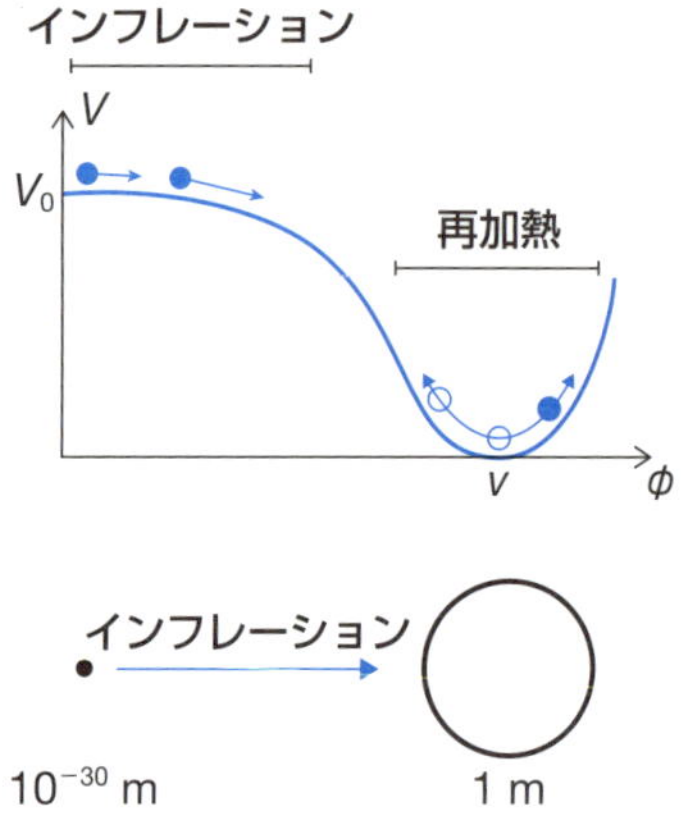

インフレーションは、スカラー場ϕがポテンシャルVの平坦な部分をゆっくりと転がるときに起こり、その間に宇宙のサイズは10^{-30} mから1 m以上にもなる。インフレーションは、ポテンシャルの底に到達すると終了し、再加熱期に移行する。

が急になり、インフレーションが終わります。

やがてスカラー場はポテンシャルの底で振動を始め、この時期にスカラー場の持っているエネルギーが、輻射などの光速に近い粒子のエネルギーに解放されます。この時期が再加熱期で、一度冷えた宇宙が加熱され、宇宙は高温の火の玉になります。スカラー場は輻射へとエネルギーを失うことで、最終的にポテンシャルの極小値に落ち着き、再加熱期が終了します。

今までの議論では、いわばスカラー場の一様性が仮定されており、場の値が時間的に変化するが、場所には依存しないことが仮定されていました。しかし実際には、宇宙の場所ごとにスカラー場の値は異なり、量子的な効果が無視できないような微小な揺らぎ(量子揺らぎ)が存在します。インフレーションが始まると、この量子揺らぎが急激な加速膨張で引きのばされ、それが宇宙背景輻射の温度揺らぎの起源となります。揺らぎの進化は、場の量子論と一般相対論を用いて議論することができ、その理論的な予測は、123ページ以降で述べるように最新の宇宙背景輻射の観測と整合的です。このように、宇宙初期にインフレーション期が存在したことが、観測から強く支持されているのです。

Section 12

既知の粒子の種類

宇宙に存在する基本的な素粒子

力を伝える粒子

インフレーション後の再加熱期に、インフレーションを起こしたインフラトン場がさまざまな粒子に崩壊します。別の言い方をすると、インフラトン場が持っていた膨大なエネルギーによって真空から粒子が生成します。現在、宇宙に存在している基本的な素粒子は、この再加熱期にできたと考えられています。再加熱以降の宇宙の進化を議論するには、これらの素粒子に関する知識が必要ですので、以下ではそれについて解説します。

自然界には、電磁気力、強い力、弱い力、重力の４つの力が存在することについてすでに触れました。それぞれに対して、力を伝える媒介となるゲージ粒子という素粒子が存在します。ゲージ粒子は、同じ状態をいくつもの粒子が同時にとることができるボース粒子であり、その性質は粒子のスピン(自転に相当)と呼ばれる物理量mでいうと、整数(m=1,2,…)の場合に対応します。まず電磁気力は、すでに解説したように、光子(γと表記します)によって伝えられます(下図)。次に、原子核の中の素粒子間に働き、原子核をまとめる働きを持つ強い力は、グルーオン(gと表記)という粒子が媒介します。また、原子核の崩壊を促す働きをする弱い力は、ウィークボソンという3つのボース粒子Z^0、W^+、W^-(それぞれ、中性、正電荷、負電荷を持つ)によって媒介されます。重力を伝える粒子は、重力子(Gと表記)と呼ばれます。

これらのゲージ粒子のうち、重力子以外

●粒子の種類

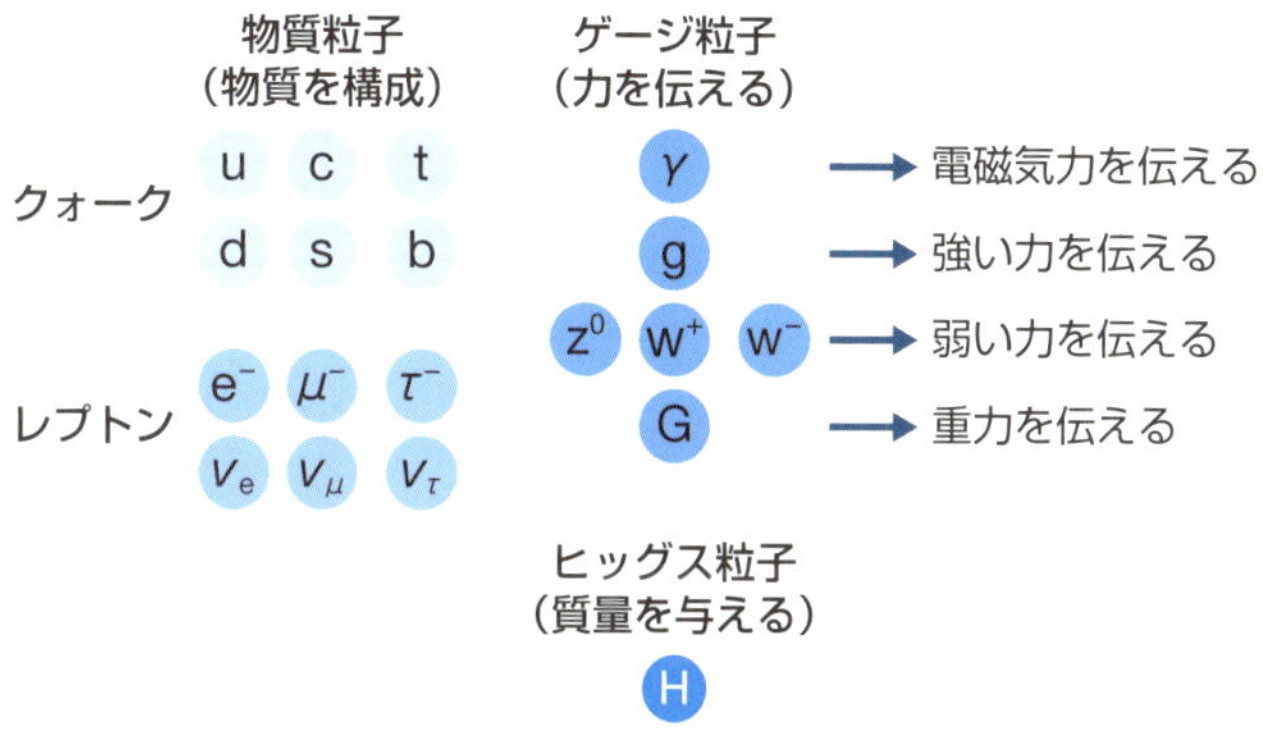

自然界に存在する素粒子は、物質を構成する粒子(クォーク、レプトンの2種類)、力を伝えるゲージ粒子、質量を与えるヒッグス粒子に大別される。

はすでに発見されており、素粒子の標準理論と呼ばれる重力を含まない理論によって、素粒子間に働く力は理解されています。なお、重力は非常に弱い力なので、素粒子実験が行われるようなエネルギースケールでは、その効果を無視することができます。

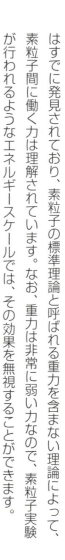

物質を作る粒子

物質を構成する粒子は、クォーク（重粒子）とレプトン（軽粒子）というフェルミ粒子です。ここでフェルミ粒子とは、一つの状態を一つの粒子しかとれない粒子に対応し、スピン m でいうと、半整数（m = 1/2, 3/2, …）の場合に対応します。クォークは原子核を構成する最小単位の素粒子であり、6種類存在します。それらは3つの世代に分かれ、第1世代はアップ（u）、ダウン（d）、第2世代はチャーム（c）、ストレンジ（s）、第3世代はトップ（t）、ボトム（b）というクォークから構成されます。それぞれの世代のクォークは、正電荷と負電荷であり、アップは電気量 +2e/3、ダウンは電気量 -e/3 を持っています。ここで、-e は電子が持つ電気量に対応します。各々のクォークに対して、質量とスピンは同じで、電荷が逆の反クォークが存在します。なお、世代が大きいクォークほど質量が大きく、エネルギーが高い状態でなければ、アップおよびダウンクォークに崩壊します。

クォークは超高温でなければ、単独に存在せず、グルーオンを介して他のクォークと強い力で結びつくことで、ハドロンという結合状態を構成します。ハドロンには、バリオンとメソンの2種類があり、バリオンは3つのクォークから、メソンはクォークと反クォークのペアから構成されます。バリオンの代表例は陽子と中性子であり、陽子はアップクォーク2つとダウンクォーク1つで構成され、電気量$+e$を持ちます。中性子はアップクォーク1つとダウンクォーク2つで構成され、中性です。メソンの例として、アップクォークと反ダウンクォークから構成される、電気量$+e$を持つパイオン(π^+)があります。他にもメソンは存在しますがすべて不安定で、最も軽いπ^+でさえ、10^{-8} s程度で崩壊します。

バリオンのうち、最も安定なものは陽子で、素粒子の標準理論ではその寿命は無限です。中性子は陽子より少し質量が大きく、そのため単独の中性子は安定でなく、約15分の寿命で陽子に崩壊します。ただし、崩壊をする前に中性子が陽子と強い力によって結合すると、原子核を構成し、そのような核の中では中性子は安定に存在することができます。単独の陽子は水素原子核Hであり、1個の陽子と1個の中性子が結合すると重水素Dができ、他の重い原子核も存在します。他のバリオンは不安定なので、陽子と中性子が既知の物質の質量の主要な起源となるのです。

レプトン

レプトンは、内部構造を持たず、強い力の影響を受けない軽い粒子です。レプトンは6種類あり、3つの世代を構成します。第1世代には、電子(e^-)と電子ニュートリノ(ν_e)、第2世代には、ミュー粒子(μ^-)とミューニュートリノ(ν_μ)、第3世代には、タウ粒子(τ^-)とタウニュートリノ(ν_τ)が存在します。

電子、ミュー粒子、タウ粒子は、いずれも負電荷 -e を持つ荷電レプトンであり、その中で電子が最も軽く安定です。電子の質量は、

●原子、原子核の構造

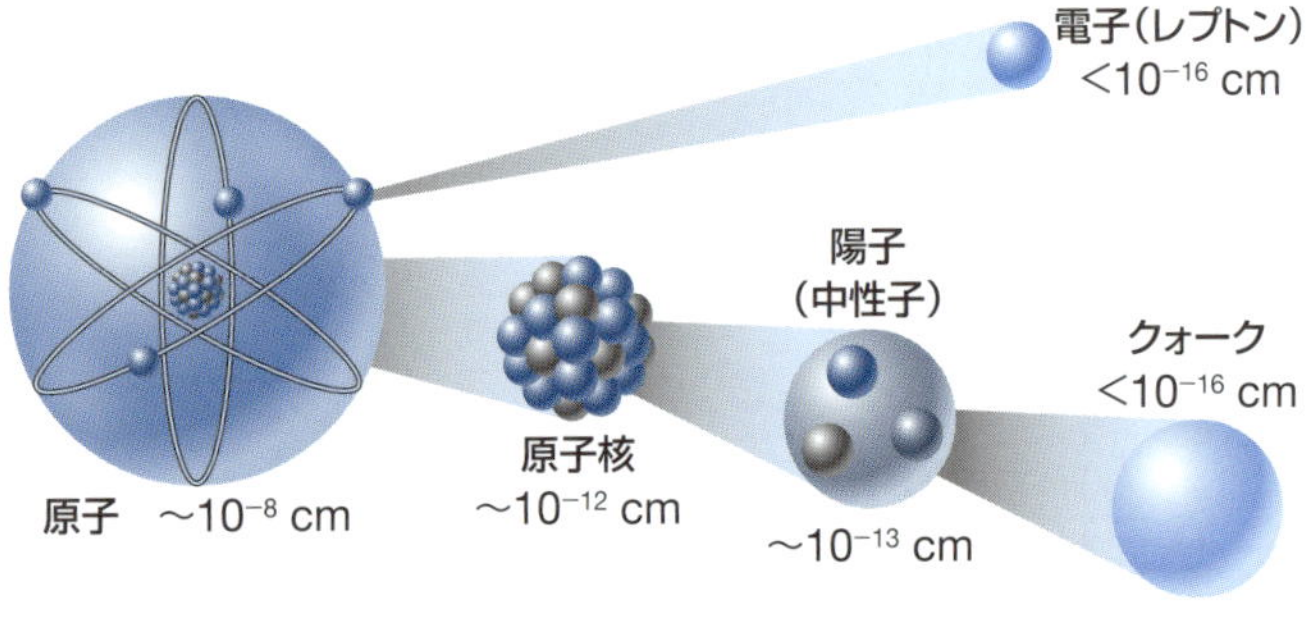

原子は原子核と電子から構成され、その質量の大部分は原子核が担っている。原子核は、強い力で結びついた核子(陽子と中性子)からなり、陽子と中性子はそれぞれ3種類のクォーク(陽子がuudで、中性子がudd)から構成されている。

$m_e = 9.11 \times 10^{-31}$ kg であり、これは陽子の質量 $m_p = 1.67 \times 10^{-27}$ kg と比べて2000分の1倍程度です。ミュー粒子とタウ粒子は電子よりずっと質量が大きく不安定で、弱い力を介して、それぞれ寿命 10^{-6} s、10^{-13} s で電子に崩壊します。なお、宇宙の温度が約3000Kに下がると、それまで自由に動いていた電子が原子核の周囲に捕獲され、原子が誕生します(82ページの図)。

ニュートリノは軽くて透過性の強い中性の粒子です。その質量は標準理論では0とされていますが、質量がある場合に、異なる世代のニュートリノ間で起こるニュートリノ振動という現象(例えば、電子ニュートリノがミューオンニュートリノに変わる現象)が観測されており、小さいながらも質量があると考えられています。ニュートリノの質量が大きいほど、その宇宙全体のエネルギーに対して占める割合が大きくなります。宇宙背景輻射の観測などから、質量を持つニュートリノの、現在の宇宙全体のエネルギーに対する割合がおよそ0・2%以下という制限がついており、それからニュートリノ質量の総和は 4×10^{-37} kg より小さいということがわかっています。ニュートリノは、弱い力と重力を通じてしか反応せず、質量が小さいことからそれに働く重力も小さく、そのため他の粒子とほとんど反応しない捕まえにくい粒子です。ただし、光と同程度のエネルギー密度を持っており、宇宙進化を議論する上では無視できない粒子です。

ヒッグス粒子

最後に、クォークやレプトン、ウィークボソンに質量を与えるヒッグス粒子という粒子が存在します。宇宙のエネルギーが 10^{12} eV程度に下がると、それまで統一されていた電磁気力と弱い力が分離し、その際に自発的対称性の破れという現象が起こり、真空がヒッグス場というスカラー場で満たされます。このヒッグス場は、光速で運動しようとするクォークやレプトンにブレーキをかけ、それによって素粒子は質量を獲得します。特に、ウィークボソン Z^0、W^+、W^- の存在と質量は１９６７年に予言され、それらの存在は１９８３年に確認されました。また、ヒッグス粒子も２０１２年に発見されました。電磁気力と弱い力を統一する電弱統一理論を構築した、シェルドン・グラショウ、スティーヴン・ワインバーグ、アブドゥス・サラムの３人は１９７９年に、そしてヒッグス粒子を予言したピーター・ヒッグスとフランソワ・アングレールは２０１３年に、それぞれノーベル物理学賞を受賞しました。

Section 13

輻射優勢期の宇宙

熱輻射で満たされた超高温の宇宙

陽子、中性子の生成

宇宙の再加熱期には、インフラトン場の崩壊によって、クォーク、レプトン、グルーオンなどの粒子とそれらの反粒子が生成します。それらは質量を持たずに光速度 c で運動していました。ビッグバンから約 10^{-12} s 後(温度は約 10^{16} K)に、84ページで述べた電磁気力と弱い力の分岐が起こり始め、クォークやレプトンはヒッグス機構により質量を得ました。光子とウィークボソンはこの時期を境に分離し、ウィークボソンのみが質量を獲得します。それ以降、しばらくクォークはグルーオンと混合した状態にありますが、ビッグバンから約 10^{-6} s 後(温度約 10^{13} K)になると、クォークが結合を始め、陽子や中性子のようなバリオンが生成されます。この陽子と中性子が、原子核を構成する材料となります。

重水素の生成

さらに宇宙の温度が 10^{10} K程度になると、陽子（p）1個と中性子（n）1個が結合して、重水素（D）と光子（γ）が生じる反応が起こり始めます（下記の(3)）。核子が強い力で結びついた重水素を、陽子と中性子のばらばらの状態にするには結合エネルギーという エネルギーが必要であり、重水素の場合、結合エネルギーは B = 2.22 MeVです。ここで、1 MeV = 10^6 eVです。アインシュタインの特殊相対論によると、質量 m を持つ粒子は、光速を c として静止エネルギー $E = mc^2$ を持っています。重水素の結合エネルギー B は、重水素の質量 m_D とばらばらの状態での陽子と中性子の質量の和 $m_p + m_n$ との差 $\Delta m = m_p + m_n - m_D$ に相当する静止エネルギー Δmc^2 に対応し、$B = \Delta mc^2$ の関係があります。

重水素と反応する光子のエネルギーが2.22 MeVより大きいと、反応(3)が左側に進行し、単独の陽子と中性子に戻ろうとします。宇宙の温度が下がり、光子1個の平均エネルギーが2.22 MeVを下回ると、反応(3)が右側に進行し

(3) $$p + n \leftrightarrow D + \gamma$$

始めます。光子1個の平均エネルギーEは温度Tで決まり、ボルツマン定数$k_B = 8.6 \times 10^{-5}$ eV/Kと呼ばれる比例定数を用いて、$E \approx k_BT$程度です。$E = 2.22$ MeVに相当する温度は$T = 2.6 \times 10^{10}$ K程度ですから、宇宙の温度が約10^{10} K以下になると、徐々に重水素ができるようになります。

バリオン、レプトンの対消滅と非対称性

バリオンやレプトンは、宇宙初期には平均エネルギーがk_BT程度の相対論的粒子として振る舞っていますが、それらが質量mを持っていると、宇宙の温度Tが$k_BT \approx mc^2$程度に下がったときに急速に速度を失い、非相対論的粒子として振る舞うようになります。これは、質量があることで粒子が静止エネルギーmc^2を持つため、$k_BT >> mc^2$でない限り、粒子の運動エネルギーが静止エネルギーと比べて小さくなるためです。粒子が非相対論的になるときの温度は粒子によって異なり、陽子($m = 938.272$ MeV/c^2)ならば$T = 1.1 \times 10^{13}$ Kであり、電子($m = 0.511$ MeV/c^2)ならば$T = 5.9 \times 10^9$ K程度です。

例えば、陽子が非相対論的($k_BT < mc^2$)になると、それまで平衡を保ってきた、陽子

と反陽子および2個の光子との反応 $p+\bar{p} \leftrightarrow \gamma+\gamma$ に間にずれが生じ始め、エネルギー k_BT の光子から、静止エネルギー mc^2 の陽子を作るのが難しくなります。すると、陽子と反陽子が対消滅※して2個の光子を生成するようになり、バリオン量が減少し、光の量が増えます。もし、陽子と反陽子のようなバリオンと反バリオンの量に対称性があると、それらの対は完全に消滅し、宇宙にはバリオンが存在しなかったことになります。

　ところが現実には、バリオンが反バリオンよりも多く存在し、宇宙初期にこのようなバリオン非対称性を生み出す何らかの機構が働いたことになります。これはバリオン数の起源の問題と呼ばれ、素粒子の標準理論では解決が難しく、依然として未解決の問題です。

　レプトンでも同様な対消滅が起こります。例えば、電子と陽電子の対消滅反応 $e^-+e^+ \rightarrow \gamma+\gamma$ が、宇宙の温度が 5.9×10^9 K 以下になると起こり始め、それ以降は光子が宇宙のエネルギーの大部分を担う光子優勢期に入ります。この場合にも、バリオンのときと同様なレプトン非対称性があり、電子が陽電子よりも多く残ったと考えられています。

対消滅…粒子と反粒子の対が消滅し、他の粒子が生じる現象。

ビッグバン元素合成

ビッグバンから数分後に、重水素、ヘリウム、リチウムなどの原子核が生成され始め、およそ20分程度の間でそのような軽い原子核の生成がほぼ終了します。このような宇宙初期の軽原子核の生成を、ビッグバン元素合成と呼び、その理論的な予測と各原子核の量の観測値はよい一致を見せています。以下では、陽子と中性子からどのようにこのような原子核ができるかについて解説します。

陽子と中性子が相対論的である10^{13} K以上の温度ならば、それらの単位体積あたりの数(数密度)は同じですが、非相対論的になると、中性子が陽子よりも質量が$\Delta m = 1.29\ \mathrm{MeV}/c^2$だけ大きいため、数密度にずれが生じてきます。例えば、中性子と陽子は互いに、弱い力を媒介として、$n + \nu_e \leftrightarrow p + e^-$のような反応をします($\nu_e$は電子ニュートリノで、$e^-$は電子)。前で解説したのと同様に、宇宙の温度$T$が$k_B T >> 1.29\ \mathrm{MeV}$すなわち、$T >> 1.5 \times 10^{10}$ Kであるならば、この反応は平衡状態にあります。温度が1.5×10^{10} K以下に下がるとバランスが崩れ始め、中性子から、質量の小さく中性子よりも安定な陽子を作る方向に反応が進行し、単独の中性子の数が陽子の数と比べて減っていきます。

陽子と中性子の数密度がずれ始める頃(温度約 10^{10} K)から、それらをもとに重水素(D)が生成され始めます。詳しい計算では、重水素の数密度 n_D と中性子の数密度 n_n が同じになるときの温度は、$T = 8 \times 10^8$ K 程度であり、これはビッグバンから5分程度経った時刻です。重水素ができると、重水素2つが結合する $D + D \rightarrow {}^4He + \gamma$ などの核融合反応によって、重水素より安定なヘリウム(^4He)が生成され、その質量の全体に対する比率は凍結し始めます。単独の中性子は、寿命が約15分で陽子に崩壊することも考慮すると、この頃には、中性子と陽子の数密度の比は、およそ $n_n/n_p = 1/7$ になっています。この時期に単独で残っている中性子のほとんどは ^4He の原子核に吸収され、^4He の質量比は、$Y_{He} = 2mn_n/(mn_n + mn_p) \approx 0.25$ と評価できます。ここで、中性子と陽子の質量が m で同じであるという近似を用いました。残りの75%近くは安定な陽子(p)が占めます。

^4He 以外にも、さまざまな元素合成の核反応により、リチウム(^7Li)までの軽原子核が20分ほどの間に作られます。91ページの図に、そのような核反応をすべて考慮した場合の、各原子核の全体に対する質量比の時間発展が示されています。^7Li よりも重い原

子核の場合、正電荷を持つ陽子の数が増えるため、それによるクーロン斥力が大きくなり、核が融合しにくくなります。それに加えて宇宙膨張によって核融合が妨げられるので、^7Li よりも重い原子核はビッグバン元素合成ではほとんど生成されません。鉄などの重い原子核は、宇宙進化の後期に天体ができた際に、星の内部の核反応で生じます。

ビッグバン元素合成で、各原子核がどの程度できるのかを数値的に計算する計算コードが開発されており、下図はそのような数値計算による各原子核の質量比の時間変化を表しています。これによると、^4He の最終的な質量比は0・25程度であり、解析的な評価とよく一致します。陽子と ^4He 以外にできる原子核の

●ビッグバン元素合成でできる、さまざまな原子核の質量比の時間変化

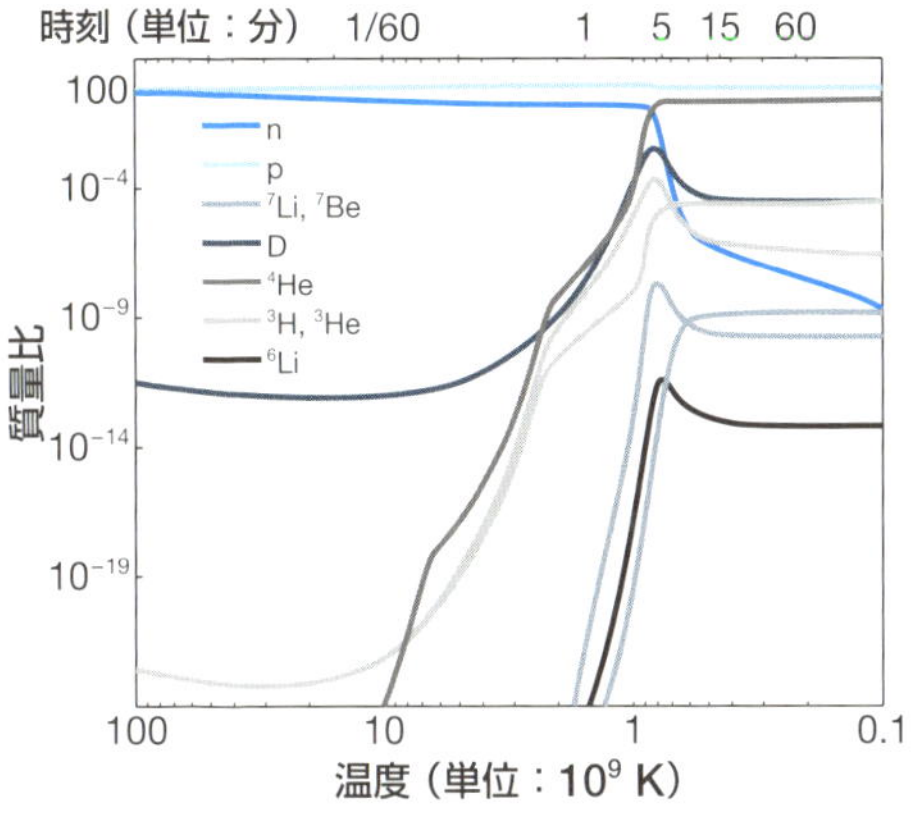

ビッグバンから20分程度の間にほとんどの原子核の質量比が凍結し、最終的に陽子が約75%、^4He が約25%を占める。

量は少なく、例えばDの質量比は、10^{-5}程度です。

観測からの各原子核の量の制限

遠方の天体からの光のスペクトルを観測することによって、始源的な原子核の量を知ることができます。そのような観測から、^{4}Heの質量の全原子核の質量に対する割合(質量比)は$Y_{He} = 0.249 \pm 0.009$、Dの質量比は$Y_{D} = (2.82 \pm 0.21) \times 10^{-5}$であることがわかっています(±の次の数字は誤差に対応)。これらの観測値は、ビッグバン理論で予言される、91ページの図の各原子核の質量比の理論値とよい一致を見せています。このような観測値は、定常宇宙論では説明が困難で、宇宙が初期に熱い火の玉であったというビッグバン理論を強く支持しています。

また、初期に存在した陽子や中性子のようなバリオンの量によって、それぞれの原子核の生成量が変わります。つまり、各原子核の質量比の観測的な制限から、バリオンの量に制限がつき、現在の宇宙でのバリオンの割合が全体のエネルギーの5%程度であるという結果が得られています。これは後で述べる宇宙背景輻射からの制限と整合的です。このように、ビッグバン元素合成からさまざまな有用な情報が引き出せるのです。

Section 14

物質優勢期の宇宙

非相対論的物質で満たされた宇宙

物質優勢期への移行

すでに述べたように、宇宙の温度が 5.9×10^9 K 以下に下がると、電子と陽電子の対消滅によって2個の光子ができ、それ以降はしばらく、光子が宇宙のエネルギーを支配します。それ以外にも、対消滅の非対称性によって残された電子や、ビッグバン元素合成によってできた水素原子核(陽子)やヘリウム原子核が存在しますが、これらは光子と比べて微量です。また、ニュートリノの質量の和は 0.23 eV/c^2 以下であり、非相対論的になるのは温度が2700K以下であるため、光子優勢期には光と同じように相対論的粒子として振る舞います。

相対論的粒子である輻射のエネルギー密度 ρ_r はスケール因子 a の4乗に反比例して減少しますが、非相対論的物質のエネルギー密度 ρ_m は、a の3乗に反比例して減少します。この違いが現れるのは、輻射には圧力があるために、宇宙が膨張する際に非相対論的物質より余分に仕事をしてエネルギーを失うためです。非相対論的物質のエネルギー密度の方が輻射のそれよりもゆっくりと減少するので、やがて前者と後者の割合が同じになる時期が訪れます。これが輻射物質等量期で、温度でいうと10^4K程度です。

輻射物質等量期以降は、非相対論的物質のエネルギーが宇宙を支配するようになります。非相対論的物質として、陽子、ヘリウム原子核などのバリオンと、電子などのレプトンが存在しますが、レプトンはバリオンより質量がずっと小さいため、エネルギー密度としての寄与は無視できます。そのため、以下でバリオンというときには、しばしばレプトンを含めた意味で用います。

またバリオン以外に、その5倍程度の量存在する暗黒物質という起源が不明の非相対論的物質があります。暗黒物質は、電磁気力による相互作用が非常に小さく光で見ることができませんが、重力的な相互作用を持ち、重力収縮によって宇宙の構造形成の主役の働きをします。

宇宙の晴れ上がり期の到来

宇宙の温度が約 10^4 K程度に下がると、陽子(p)と電子(e^-)から、水素原子(H)と光子(γ)を生成する反応 $p + e^- \leftrightarrow H + \gamma$ が右側に進行を始めます。これは、水素のイオン化エネルギー※が13.6 eVであり、温度が 10^4 K程度になると光子1個の平均エネルギーがそれより小さくなるためです。ただし、この平均エネルギーを用いた評価では、実際の光子のエネルギー分布が一様でないため見積もりが粗く、より正確な計算では、水素原子と陽子の数密度が同じになる温度は、3760K程度と見積もられています。

水素原子が生成され自由電子の数が減ってくると、光子と電子との反応 $\gamma + e^- \leftrightarrow \gamma + e^-$ が起こる頻度が減ってきます。その散乱の頻度は、1秒あたりの衝突回数である散乱率Γで特徴づけられ、Γが宇宙の膨張率 H より大きいときには膨張に消されることなくトムソン散乱が起こりますが、Γが H より小さくなると、散乱頻度が減り、光子は直進できるようになります。$\Gamma = H$ となる時期を宇宙の晴れ上がりと定義し、詳しい計算では、このときの温度は2970K程度であることがわかっています。晴れ上がり時期の

水素のイオン化エネルギー…水素原子を陽子と電子のばらばらの状態にイオン化するのに要するエネルギー。

宇宙の様子(最終散乱面)は、WMAP、Planckのような衛星によって詳細に観測されています(下図)。

晴れ上がりの時期はすでに物質優勢期であり、それ以降は暗黒物質やバリオンのような非相対論的物質が宇宙のエネルギーを支配します。それに対して、光の割合が減ってくるので、宇宙は暗い暗黒時代に入ります。晴れ上がりの時期には小さな温度揺らぎが存在しますが、そのような揺らぎを種として、物質の密度が平均より高いところが重力で集まり始め、宇宙に構造ができてきます。この物質優勢期はおよそ100億年もの間続き、その後に宇宙は加速膨張期に入ります。

●宇宙の138億年の進化の概念図

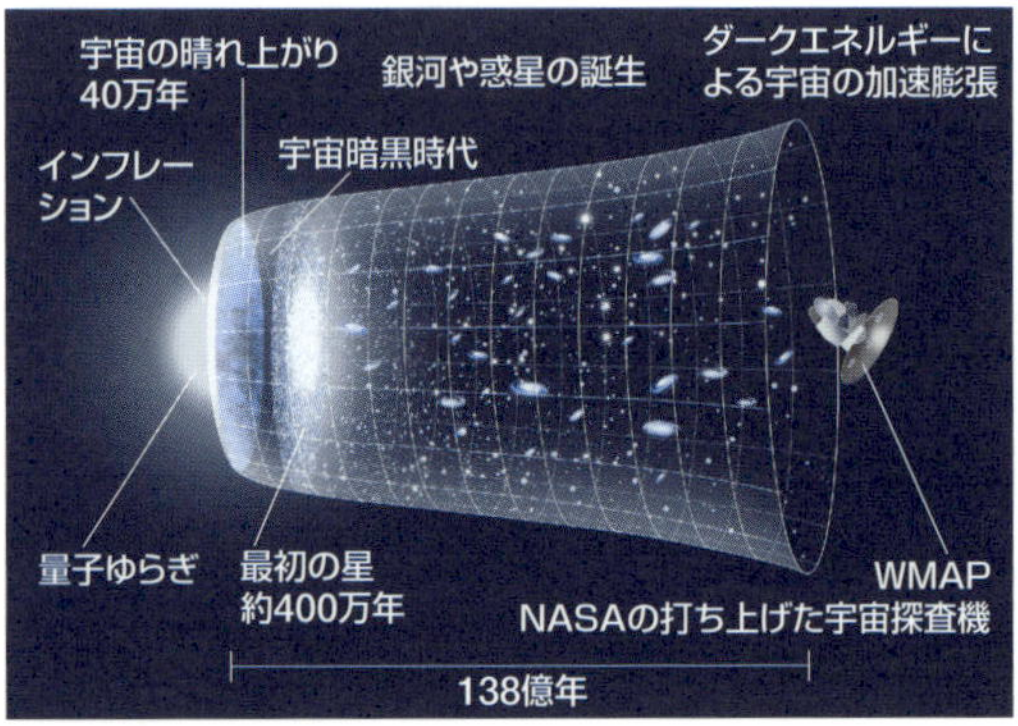

宇宙初期に存在した量子揺らぎがインフレーションによって引きのばされ、それが宇宙の晴れ上がり時の温度揺らぎとして観測される。物質優勢期に、銀河のような豊かな構造が生まれる。

Section 15

重力不安定性による、星や銀河などの誕生

宇宙の大規模構造の形成

暗黒物質とバリオンの揺らぎ

宇宙背景輻射に存在する温度揺らぎ $\delta T/T$ は、現在の宇宙の平均温度 $T = 2.725$ K との比でわずか 10^{-5} 程度の小さな揺らぎです。これは物質の揺らぎと関係しており、非相対論的物質の密度も場所によって平均的な値からのずれを生じます。つまり、物質分布にわずかながらも疎密ができているのです。分布が密な場所では、重力によって物質が集まるようになり、さらに密になっていきます。そうするとさらに重力が強くなり、やがて局所的な構造が成長していきます。

ここでの物質とは、暗黒物質とバリオンのことです。光子のような質量0の相対論的粒子はこれに含まれません。ニュートリノは質量を持ちますが、速度が光速に近く、その自由運動のために重力収縮しにくいのです。宇宙の晴れ上がりの前には、陽子は電子

とクーロン力による散乱$p+e^- \leftrightarrow H+\gamma$、電子は光子とトムソン散乱$\gamma+e^- \leftrightarrow \gamma+e^-$をし、陽子、電子、光子は1つの流体のように振る舞っていました。このように陽子と電子が光子によって散乱されている状態では、重力的に集まりにくく、バリオンの揺らぎが成長を始めるのは、温度約3000Kの晴れ上がり以降です。

それに対して暗黒物質は、光子やバリオンとの相互作用が極めて小さく、基本的に重力的な相互作用しか持ちません。他の粒子からの散乱を受けることがないため、重力収縮を起こしやすく、宇宙が物質優勢期に入った頃(温度10^4K程度)から暗黒物質の揺らぎは成長を始めるのです。つまり、暗黒物質の揺らぎの成長はバリオンよりも早い時期に起こり始め、暗黒物質の量もバリオンの5倍程度と多いので、前者は構造形成に極めて重要な役割を果たすのです。より具体的には、暗黒物質の揺らぎが先に成長してその周りに強い重力場ができ、バリオンの揺らぎはその重力場に引きつけられて、暗黒物質の揺らぎに追いつくように進化します。

物質揺らぎの成長

物質揺らぎの振幅δ_mが1よりも十分に小さい範囲(線形領域)では、一般相対論を用いて、揺らぎの進化を解析的に評価することができます。その基礎方程式は、ニュートン力学で得られるものと一致し、物質優勢期に、$\delta_m \propto a$ のようにスケール因子 a に比例して成長します。揺らぎが十分に成長し、δ_m が1程度になると、この線形領域での解析は有効でなくなりますが、その場合でも、N 個の天体間に働く重力を直接計算してどのように構造が成長するかを数値的に求める、N 体計算と呼ばれる手法が確立されています。

原始星の誕生

このような物質揺らぎの成長によって、ビッグバンから約400万年後に最初の星(原始星)が誕生します。原始星は、最初に暗黒物質と分子(バリオン)からなる密度の大きな雲ができ、そのような雲の中で物質が集まったいくつかのコア(核)が生成されて、局所的な構造を形作るようになったものです。

地球の表面付近で物体が中心方向に重力によって落下すると、重力によるエネルギー(位置エネルギー)が物体の運動エネルギーに変換されて、物体の速さは増加します。それと同様に、原始星に周囲から物質が落ちていくことで、重力によるエネルギーがある程度大きくなると、水素原子核をヘリウム原子核に変換するような核融合反応が起こり始めます。この核融合反応では、反応前後で原子核の質量の和が減少し、その質量差に相当する静止エネルギーが解放されます。初期の原始星の質量が太陽質量の0・08倍以上であれば、水素の核融合によって光輝く主系列星という恒星が誕生します。

星の一生

恒星は、核融合のエネルギーによって重力と釣り合いを保って安定的に存在し、その寿命は何十億年にも達します。

例えば、現在の太陽は主系列星で46億歳くらいですが、その寿命は約110億年と考えられています。主系列星も核融合が進むと、中心部にヘリウムが増加し、水素が外層に移動していきます。熱の供給源のないヘリウムの中心核は重力で収縮しますが、外層が水素の燃焼で膨らんでくると、赤色の光※で輝くようになり、これを赤色巨星といいます。現在から約60億年程度で太陽は膨張を開始して、赤色巨星の段階に入ると考えられています。

赤色巨星が核融合の燃料を使い果たすと、星の最初の質量が太陽質量 $M_{\oplus}=2\times10^{30}$ kg

赤色の光…赤外線に相当し、可視光の中で最もエネルギーが低い色に相当します。

の4倍以下ならば、最終的に白色矮星と呼ばれるコンパクトな星になります。白色矮星は高密度であり、フェルミ粒子である電子が持つ縮退圧という圧力で、重力と釣り合っています。燃料を使い果たした星の最初の質量が$4M_{\oplus}$以上ならば、一時的にできた白色矮星への周囲の物質からの降着により、炭素が燃焼し始め、その後の熱暴走によって大爆発を起こします。これは超新星爆発と呼ばれる極めて明るい天体現象で、その爆発が我々から非常に遠方で起こったとしても観測することが可能です。星の最初の質量が$8M_{\oplus}$以上ならば、超新星爆発の後、中性子の縮退圧で重力との釣り合いを保つ中性子星、あるいは重力で収縮していくだけのブラックホールのどちらかになります。このように、星の質量によって最終的に星がどのように進化を遂げるかが異なります。

ボトムアップ型の構造形成

太陽のような恒星の周りには、恒星が作る重力場の中で回転運動する、地球のような惑星が存在します。このような恒星とその周りの惑星によって、太陽系のような一つの系ができています。例えば太陽系の大きさは10^{13} mほどです。このような恒星系は宇宙に無数にあり、それらが重力で集まることにより、一つの銀河を作ります。このように、最初に小さな天体が誕生し、それらが重力で集まり、より大きな構造が形成されたと考えられており、そのような構造形成のシナリオをボトムアップ型といいます。

銀河の典型的な大きさは 10^{20} m程度であり、銀河がさらに集まると、銀河団と呼ばれる大規模構造を作り、その典型的な大きさは 10^{22} m程度です。特に50個以上の銀河で構成されるものを超銀河団と呼び、その大きさは 10^{24} mにも及びます。我々が観測可能な領域は、宇宙年齢 t = 138億年に光速度 c = 3 × 10^8 m/sをかけた長さである 10^{26} m程度です。このように、現在観測される宇宙には、さまざまな大きさの階層を持った豊かな構造が広がっています。

1990年代から、宇宙の大規模構造の観測がさまざまなグループによって行われており、銀河の分布や構造形成の進化の様子が明らかになってきました。それらの観測結果は、前で述べた、初期の小さな物質揺らぎからの、重力不安定性によるボトムアップ型の成長のシナリオと整合的になっています。その初期の物質揺らぎは、インフレーション中に生成された原始揺らぎを起源とすると考えられており、インフレーションによって理論的に予測される物質分布のスペクトルは、大規模構造の観測結果をうまく説明します。

Section 16

加速する現在の宇宙

宇宙の後期加速膨張の発見

Ia型超新星

1990年代の前半までは、物質優勢期が現在まで続いてきたと考えられていましたが、1998年にアダム・リース、ブライアン・シュミットらのグループとソール・パールマターらのグループがそれぞれ独立に、遠方の超新星の観測から、宇宙が現在に至る前に加速膨張期に入ったということを発見しました。

101ページで述べたように、超新星とは、燃料の尽きた恒星である白色矮星の残骸が起こす、大規模な爆発現象のことです。白色矮星は、電子の縮退圧が重力と釣り合っていますが、縮退圧で支えられる星の質量の限界は、太陽質量$M_\odot$の1・4倍程度です。この質量の上限を超えて、白色矮星に物質が降り積もると、大爆発が起こるのです。超新星のスペクトルに、水素が吸収された線が見られないものをI型(見られるものがII

型）と呼び、I型のうち、ケイ素の吸収線が見られるものをIa型と呼びます。

等級と光度距離

Ia型超新星は、爆発の際のピーク時の絶対等級Mがほぼ一定であり、この性質は、超新星爆発がいつどこで起こったかによりません。Ia型超新星から地球上の観測者に光が届いたときの見かけの等級mと、絶対等級Mとの差を求めることによって、超新星までの距離d_L（光度距離）を見積もることができます。具体的には、下記の式(4)の関係があります。ここで、$10\,\mathrm{pc} = 3.086 \times 10^{17}\,\mathrm{m}$です。このように、天体までの距離の測定に利用できる天体を、一般に標準光源と呼びます。

等級はその値が小さいほど明るい星に対応しており、1等級下がると明るさは2.5倍になると定義します。例えば、太陽は恒星の中で特に明るい星ではなく、その絶対等級は$M = 4.8$程度です。ただし太陽は地球の近傍にあり、$d_L = 1.5 \times 10^{11}\,\mathrm{m}$程度なので非常に明るく見え、式(4)か

(4)
$$10^{\frac{m-M}{5}} = \frac{d_L}{10\,\mathrm{pc}}$$

らその見かけ(実視)の等級は $m = -26.7$ と求められます。Ia型超新星の場合、爆発のピーク時での絶対等級が $M = -19$ 程度であり、太陽と比べて 10^9 倍もの明るさを持っています。このようにIa型超新星は極めて明るく、その結果として、超新星爆発が非常に遠方で起こっても我々が観測することが可能なのです。

別の言い方をすると、Ia型超新星では絶対等級Mが負で小さいため、式(4)の左辺が大きくなり、それだけ右辺のd_Lも大きくなり得ます。観測技術の向上によって、1990年代後半には、非常に遠方のIa型超新星を観測することが可能になりました。例えば、1997年に見つかったIa型超新星の一つである1997Rは、その見かけの等級が $m = 23.83$ であり、絶対等級として $M = -19$ をとると、式(4)から1997Rまでの距離が 10^{26} m程度と求められます。

このような超遠方の星から光が出た時期は、現在からはるかに過去にさかのぼるため、宇宙の膨張率Hも現在の値H_0とは異なると考えられます。47ページでは、式(2)の導出の際に、1997Rのような遠方の超新星の場合と比べてはるかに近傍の銀河を考えていたため、HをH_0に置き換えていましたが、距離が 10^{26} mに及ぶようなIa型超新星の場合には、そのような近似が許されません。つまり、Ia型超新星が宇宙膨張によって観測者から後退する速度vは、Hがもはや定数でないため、超新星までの光度距離d_Lに単純に比例しないのです。

超新星の後退速度と赤方偏移

ここで、宇宙膨張によるIa超新星の後退速度vは、44ページで触れたように、超新星からくる光の波長の伸び（赤方偏移《せきほうへんい》）から求められます。超新星を光が出たときの波長をλ、その光が地球上の観測者に届いたときの波長をλ_0として、赤方偏移は$z=\lambda_0/\lambda-1$と定義されます。現在は$z=0$に対応し、より過去からくる光ほど比λ_0/λが大きくなるので、過去にさかのぼるにつれてzは増加します。天体の後退速度がvのとき、光の速度をcとして、特殊相対論での光のドップラー効果の関係式を用いると、$\lambda_0/\lambda=\sqrt{(1+v/c)/(1-v/c)}$が成り立ちます。$v$は光速$c$を越えず、$v$が$c$に近づく極限で$z=\lambda_0/\lambda-1$は無限大に近づき、これは無限遠の過去から放たれた光に対応します。逆に、観測者から近傍にある天体では、宇宙膨張による後退速度vがcより十分小さく、$z\approx v/c\ll1$が成り立ちます。

宇宙の膨張率

47ページの式⑵が成り立つのは、天体までの距離がそれほど大きくなく、赤方偏移zが1よりずっと小さな場合です。この領域では、$v=H_0r$において、vをcz、rを光度距離d_Lに置き換えることで、$z=H_0d_L/c$が成り立ちます。108ページの図で、$z<<1$の領域でこの特徴が見えています。その一方で、zが0.5程度よりも大きくなると、宇宙の膨張率Hが現在の値H_0と異なってきて、式⑵でHをH_0に置き換えられず、また近似式$z=v/c$からのずれも生じるので、関係式$z=H_0d_L/c$はもはや有効でなくなります。

宇宙の膨張率Hは、宇宙にどのような物質が存在するかによって決まり、物質のエネルギー密度をρとして、$H\propto\sqrt{\rho}$という関係があります。非相対論的物質のときには、$\rho\propto a^{-3}$のように密度が減少するので、そのような物質が宇宙のエネルギーを支配すると、過去にさかのぼる(スケール因子aが減少する)につれ、膨張率は$H\propto a^{-3/2}$と増加していきます。その一方で、暗黒エネルギーはρがほぼ一定のときに相当し、その場合はHはほとんど変化しません。

光度距離の赤方偏移依存性

膨張率Hの時間変化の違いは、$z>0.5$での光度距離d_Lに影響を与えます。下図の2つの理論曲線(i)と(iii)はそれぞれ、現在の宇宙の暗黒エネルギーの割合が100%、非相対論的物質の割合が100%の場合の、d_Lのz依存性を表しています。zが大きい領域で、(i)と(iii)の2つの場合でd_Lの違いが明確に現れ、暗黒エネルギーが支配する宇宙ほど、超新星までの距離が大きく観測されます。これは、暗黒エネルギーによって宇宙が加速膨張するため、減速膨張のときと比べて、同じ絶対光度を

●Ia型超新星の観測データと理論曲線

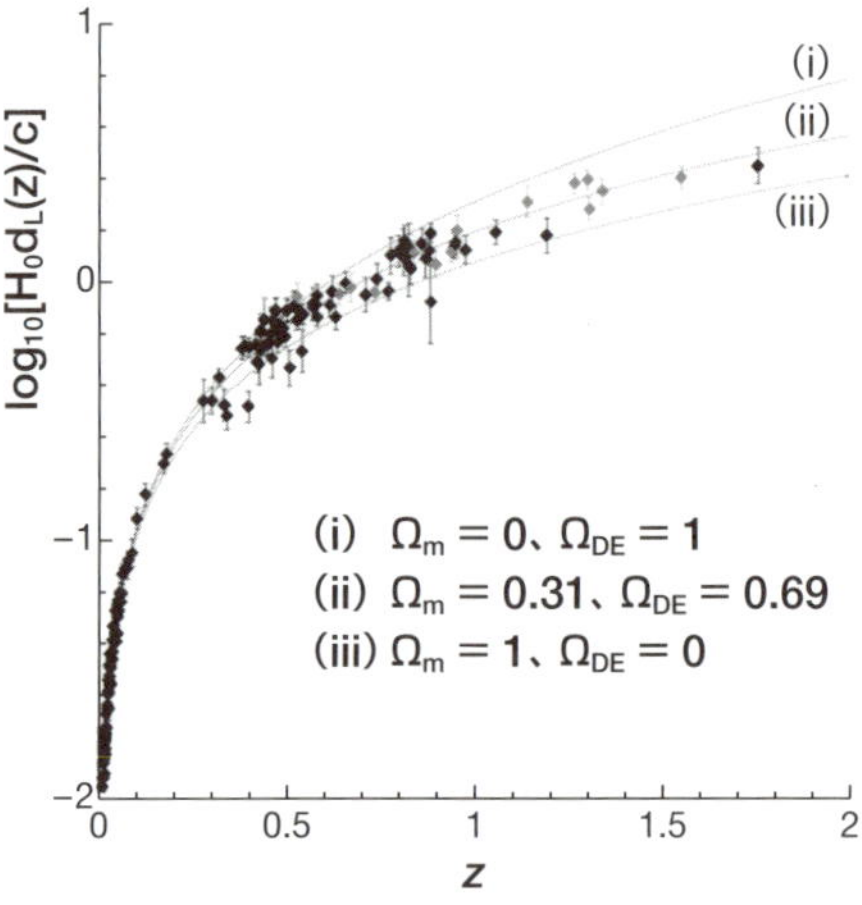

横軸が赤方偏移zで、縦軸が光度距離d_LにH_0/cを掛けて常用対数を取ったものに対応する。エラーバー付きの丸で示された点が超新星のデータで、3つの曲線は上からそれぞれ、現在の暗黒エネルギーの割合が、1, 0.69, 0の場合に相当する。

持つIa型超新星がより遠くに見えると解釈することができます。

1990年代の後半になって、108ページの図にあるような、zが0.5よりも大きい領域での多くのIa型超新星の光度距離d_Lの観測データが得られるようになりました。Ia型超新星を$M\approx-19$の標準光源として扱えることから、d_Lは104ページの式(4)を用いてそれぞれの超新星に対して計算されました。現在の宇宙のエネルギーの組成によってd_Lの理論曲線は異なり、観測データを用いた統計解析から、パールマターらは、(ii)のときのように、現在の宇宙のエネルギーのうち約70%が暗黒エネルギーで、残りの約30%が非相対論的物質である場合が最も確からしいことを示しました。なお、輻射は全エネルギーのうち、0.01%以下です。

ここで注意したいのは、70%というのはあくまで現在の暗黒エネルギーの割合であり、すでに述べたように、過去にさかのぼると非相対論的物質のエネルギー密度の方が暗黒エネルギーのそれよりも速く増加します。つまり過去にさかのぼると、暗黒エネルギーの割合は減っていき、zがおよそ0.7を越えると、物質が優勢の減速膨張期になります。つまり、zが0.7程度より小さくなると宇宙は加速膨張期に入り、これはビッグバンから約100億年後に相当します。その時期から加速膨張が現在まで続いてきたというのが標準的な現代宇宙論のシナリオです。

Ia型超新星の観測によって、宇宙の後期加速膨張を発見した、シュミット、リース、パールマターの3人は、2011年度のノーベル物理学賞に輝きました。なお、超新星以外の観測によっても、加速膨張の証拠が独立に得られています。

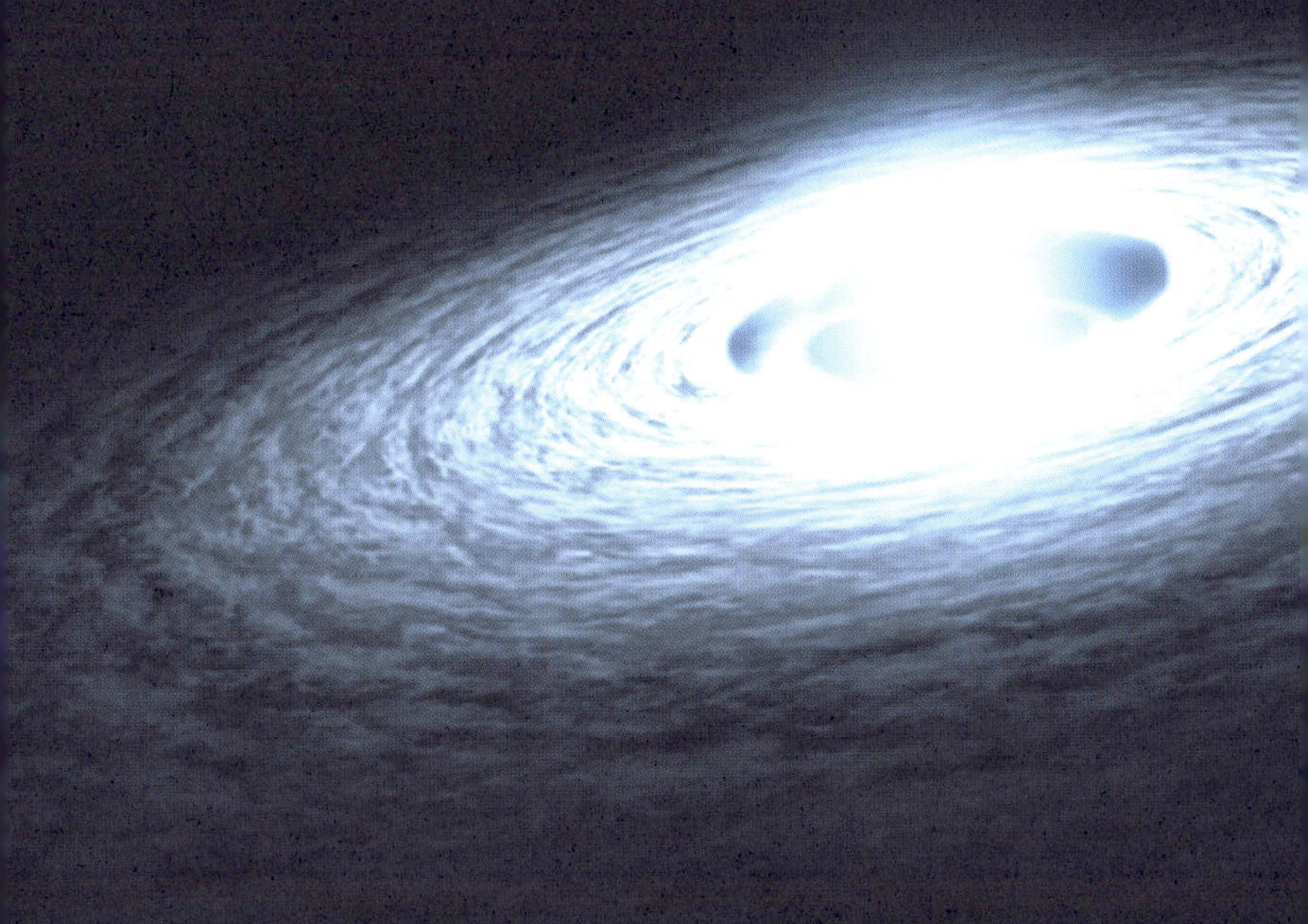

Chapter. 4
宇宙はどうやって成り立ったの?

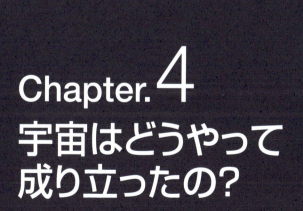

Section
17
量子揺らぎ
宇宙の構造の起源

揺らぎの進化に関する理論とその観測

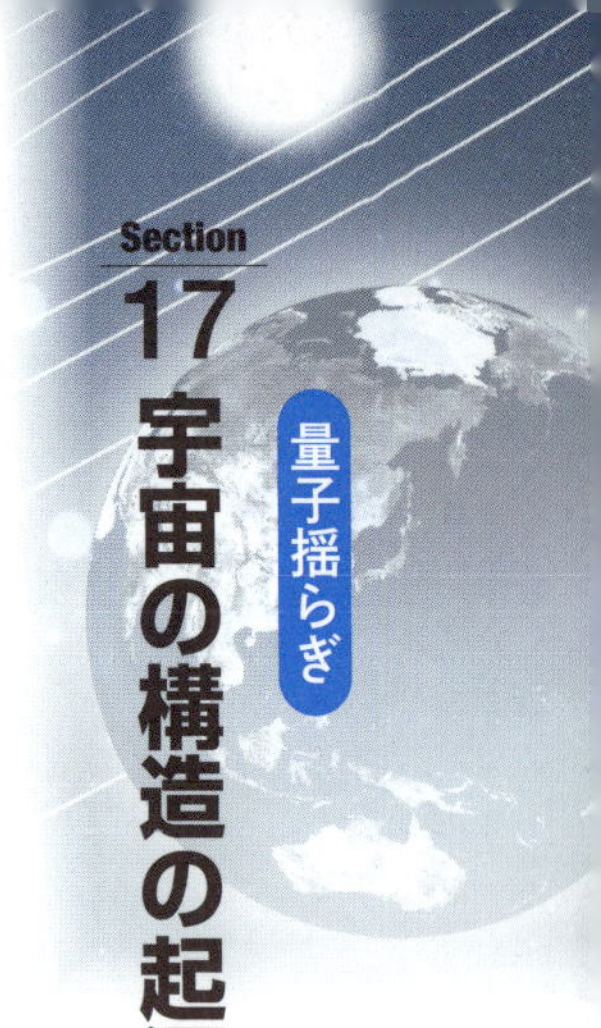

Ｃｈａｐｔｅｒ４では、宇宙の構造の起源とその進化について解説していきます。特に、宇宙初期に存在した量子揺らぎがどのように成長して、宇宙背景輻射の温度揺らぎとして観測されるかに焦点を当てていきます。まず量子揺らぎの性質から出発して、次にインフレーション中の量子揺らぎの進化について解説し、それがどのように宇宙背景輻射の温度揺らぎへと進化するかについて説明します。この温度揺らぎの観測によって、逆にインフレーションの物理を探ることができます。さらに、万物の理論の有力候補と期待される超弦理論を用いて、インフレーション模型を構築する研究が活発に行われており、宇宙背景輻射の観測からどのように超弦理論を検証できるかについて解説していきます。

揺らぐ真空状態

宇宙背景輻射で観測される温度揺らぎは、後に星や銀河などの形成につながる重要な存在ですが、それはもともと宇宙の初期に存在した量子的な揺らぎが起源です。インフレーションが始まった頃の時刻は、$t = 10^{-38}$ s程度で、その間に光が進む距離は、$L_H = ct \approx 10^{-30}$ m程度です。このL_Hは、光で情報が伝わるスケールに対応し、ある事象が起こった際に因果律を持っている領域と解釈することができます。半径がL_Hの球を考えると、その中では空間のさざなみともいえる量子的な揺らぎが存在していました(114ページの図)。これは、真空がエネルギーを持つ空間であり、完全に無の状態ではないことと対応しています。

インフレーションは、73~74ページで述べたスカラー場ϕによって起こったと考えられており、その場が場所によって異なる量子的な揺らぎ$\delta\phi$を持ちます。宇宙背景輻射の温度Tが、平均の温度$T_0 = 2.725$ Kとそれからの各場所でのずれ(揺らぎ)δTの和であり、$T = T_0 + \delta T$と書けていたように、スカラー場ϕは、各時刻において平均の値ϕ_0を持ち、揺らぎ$\delta\phi$との和で、$\phi = \phi_0 + \delta\phi$と書けます。平均値$\phi_0$は時間変化し、宇宙の加速膨張のダイナミックスを決めます。

量子揺らぎは波として揺らいでおり、その波長λは、$L_H \approx 10^{-30}$ m よりも小さい極めて微小なスケールの波です。

68ページで述べましたが、プランク長 10^{-35} m より小さいスケールでは、量子論と重力理論を統一的に扱う理論が完成していないので、正確な予言ができません。ただし、初期に 10^{-35} m より波長が短い量子揺らぎでも、インフレーションが起こり始めると波長が急激に増加して、プランク長を越えます。そのような場合、量子論と一般相対論を用いて揺らぎの進化を予言できるのです。

量子揺らぎは真空から生成され、その波長がL_Hよりも小さな揺らぎに関しては、通常の

●インフレーションの始まりの時期に存在する量子的な揺らぎの模式図

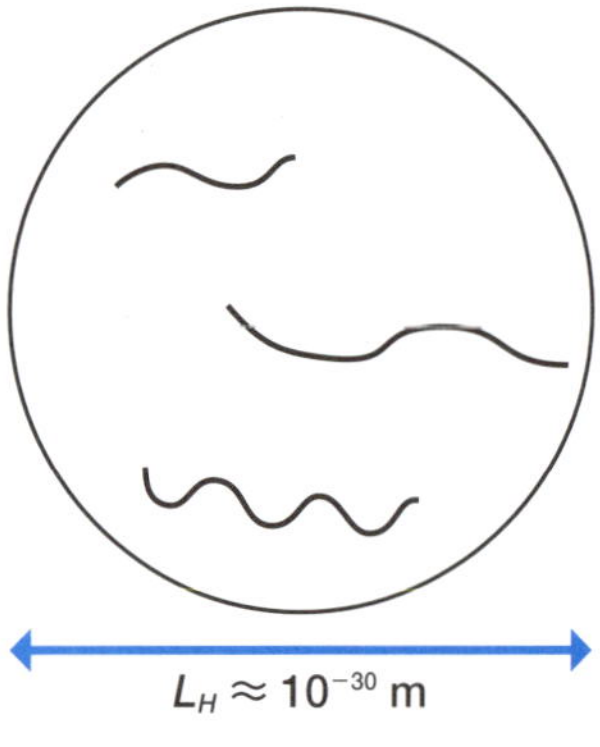

半径 $L_H \approx 10^{-30}$ m の領域の中に、因果律をもった量子揺らぎが存在している。

場の量子論の手法を用いて、初期のスカラー場の揺らぎの真空期待値が計算可能です。揺らぎが引きのばされると、宇宙膨張による重力的な効果が効き始め、それは一般相対論を用いて議論できます。このようにして、インフレーション後の揺らぎの振幅の期待値が予測されます。この揺らぎの振幅は、インフレーションが起こるエネルギースケールと関係しており、宇宙背景輻射の温度揺らぎの振幅から、インフレーションの物理に対して制限がつきます。

Section 18

量子揺らぎの進化

インフレーションによって生成される原始密度揺らぎ

地平線問題

71〜72ページで、インフレーションが平坦性問題を解決することを説明しましたが、それ以外にも地平線問題というビッグバン理論の問題点を解決します。以下では、まず地平線問題の意味とそのインフレーションによる解決法を示し、それがどのように宇宙背景輻射の温度揺らぎの起源と関連するかについて話を進めます。

地平線問題とは一言でいうと、我々が現在観測可能な領域（光が宇宙年齢の間に進む距離である138億光年程度）のすべての点がお互いに関連を持っているという問題です。宇宙背景輻射の観測から、宇宙のどの方向からくる光でも、その温度が平均的に2.7Kであり、あらゆる点で温度がほぼ均一の状態になっているのです。これはいってみれば、現在観測されているすべての領域は、過去にお互いに情報が伝達し、光で交信された状態にあるのです。

ビッグバン宇宙論では、この光で伝達可能な距離が過去にさかのぼると小さくなり、51ページで述べた宇宙の晴れ上がり時には現在の10^{-5}倍程度になります（詳しくは、次ページの議論を参照）。我々は、晴れ上がり時からやってくる光の宇宙背景輻射を現在観測していますが、晴れ上がり時に関係を持っていた領域は、現在観測されている138億光年の領域の10^{-5}倍程度のはずです。つまり、この10^{-5}倍程度の小さな領域から我々にやってくる光だけが同じ温度2.7Kで観測され、その外側の領域では温度が2.7Kと全く異なっていてよいはずですが、実際の宇宙背景輻射の観測ではどの点でも同じ2.7Kになっているのです。

この地平線問題は、宇宙が開闢《かいびゃく》時から現在まで常に減速的な膨張をしてきたというビッグバン宇宙論で生じる問題点です。この問題点はインフレーション理論によって解決されるのですが、その準備のために以下ではハッブル半径という物理量を導入し、もう少し具体的に地平線問題を説明します。宇宙が減速膨張をしていて、スケール因子aが時間tの関数で、$a \propto t^p$（ただし、pは$0<p<1$の定数）と書けるとき、宇宙の膨張率は$H=p/t$で与えられます。ここで、輻射優勢期は$p=1/2$に、物質優勢期は$p=2/3$

に相当します。つまり、おおまかにいって、時間tと膨張率Hは、$t \sim 1/H$という関係があり、光速をcとして、$ct \sim c/H$が光で情報が伝わる距離に対応します。$L_H = c/H$をハッブル半径と呼び、それよりも距離が小さな2点は、情報が伝達するのでお互いに関係を持っています。すでに述べたように、現在の宇宙の膨張率H_0の観測から、宇宙年齢が$t_0 = 138$億年と求められ、現在のハッブル半径は10^{26} m程度です。減速膨張の場合、過去にさかのぼると膨張率Hは大きくなり、ハッブル半径L_Hは減少していきます。つまり、すでに述べたように、お互いに関係を持っている領域がどんどん小さくなっていきます。

例えば、宇宙の晴れ上がりの時刻は、ビッグバンから$t_L = 38$万年ですが、この頃のハッブル半径は、現在の値10^{26} mと比べて、$t_L/t_0 \approx 10^{-5}$倍程度に小さかったことになります。つまりビッグバン宇宙論に基づくと、晴れ上がり時から光が出たときに関係を持っていたはずの領域は、望遠鏡で観測したときに非常に角度が小さな部分なのにもかかわらず、実際の宇宙背景輻射の観測では、現在のハッブル半径10^{26} mに及ぶあらゆる領域で均一の温度になっているわけです。

インフレーションによる地平線問題の解決

地平線問題は、宇宙初期にインフレーションの時期があったことによって解決されます。その解決法を一言でいうと、インフレーションによる急激な加速膨張で、因果律を持つ領域(お互いに関係を持っている領域)がハッブル半径を超えて広がるためです。インフレーションの開始時のハッブル半径は、$L_H \approx 10^{-30}$ m程度であり、それよりも長さが小さい半径λの領域は互いに関係を持っています。この領域に、波長がλの量子揺らぎが存在していると考えることもできます。インフレーションが起こり始めると、スケール因子は$a \propto t^p$ $(p \gg 1)$のように急速に増加します。半径λの領域は、aが掛かった物理的波長λaとして、t^pに比例して変化します(初期のaの値を1にしています)。その一方で、ハッブル半径は$c/H \propto t$のように増加します。λaはc/Hより速く変化するので、やがてλaはc/Hに追いつき、$\lambda a > c/H$の領域に入ります(120ページの図)。

つまり、初期に関係を持っていた領域が、ハッブル半径を超えて因果律を持つようになります。別のいい方をすると、量子揺らぎの波長は、急速な膨張によって引きのばされ、超ハッブル領域に広がるのです。量子揺らぎは初期に真空の周りで零点振動をしていましたが、インフレーションが始まり、揺らぎの波長λaがハッブル半径c/Hと同程度になると、重力の効果が効き始め、$\lambda a \gg c/H$となると、揺らぎが引きのばされ凍結し、その振幅が一定に保たれます。

　インフレーションが終わり、宇宙が減速膨張期に入ると、スケール因子は、$a \propto t^p$ $(0 < p < 1)$と変化します。この時期には、物理的波長とハッブル半径の時間変化はそれぞれ、$\lambda a \propto t^p$、$c/H \propto t$で与えられ、後者の方が前者よりも速く変化します(下図)。すると、いずれc/Hがλaに追いつき、$\lambda a < c/H$となる時期が訪れます。

　いつ$\lambda a = c/H$となるかは、波長λによって異なり、λが大きいほどより遅い

●インフレーション期とその後の、波長λaとハッブル半径c/Hの時間変化

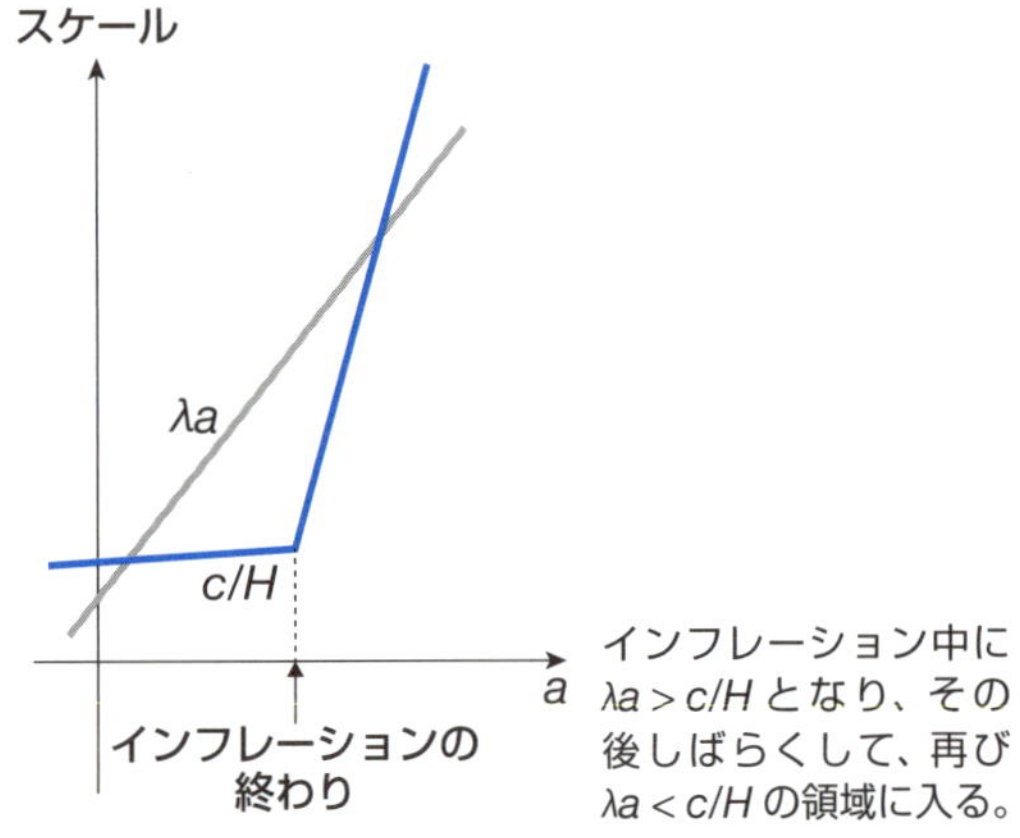

インフレーション中に λa > c/H となり、その後しばらくして、再び λa < c/H の領域に入る。

時期に起こります。例えば、現在ハッブル半径の中に入ってくる揺らぎの初期の波長λ_1は、$\lambda_1 a_0 = c/H_0$（a_0は現在のaの値）を満たします。この波長に相当する揺らぎは、過去にさかのぼると、インフレーションの始まりの時期にハッブル半径の中にあり、因果律を持っていたのです。宇宙の晴れ上がり期にハッブル半径の中に入る揺らぎの初期の波長λ_2はλ_1より小さく、もちろん因果律を持っていました。

このようにして、インフレーションは地平線問題を解決します。もしインフレーション期がないとすると、現在ハッブル半径の中にある物理的波長は、過去にさかのぼっていったん$\lambda a > c/H$の領域に入ると常に超ハッブル領域にあり、その場合は因果律を持っていなかったことになります。インフレーションによって、最初にハッブル半径の中にあったモードがいったんその外に出て、再びその中に入ってくる点が要点になっています。

量子揺らぎの進化

インフレーションによって、量子揺らぎの波長λaはハッブル半径を超えて広がり、重力的な効果によって、振動をしない古典的な揺らぎとして凍結するようになります。

インフレーション直後のスカラー場の揺らぎ$\delta\phi$の振幅は、初期の揺らぎの波長λにほとんど依存しないことが知られており、この性質をスケール不変といいます。アインシュタイン方程式によって、スカラー場の揺らぎ$\delta\phi$は時空の揺らぎと結びついています。ここで時空の揺らぎは、重力によって時空がどの程度曲がるかの尺度である重力ポテンシャルΦによって記述されます。

インフレーション後に、波長λaがハッブル半径の中に入ってくると、光子が圧力を持つ効果が効き始め、光子の揺らぎと関係する温度揺らぎδTが振動を始めます。この温度揺らぎは、前述の重力ポテンシャルΦと関係しており、インフレーションで生成された重力ポテンシャルを初期条件として、温度揺らぎが進化を始めます。その進化の結果が、宇宙背景輻射で観測された温度揺らぎです。このようにインフレーションは、宇宙背景輻射の温度揺らぎの初期条件を与えるのです。

Section 19
温度揺らぎの観測
宇宙背景輻射の観測による初期宇宙の探査

衛星による観測技術の向上

宇宙背景輻射(CMB)の温度揺らぎは、NASAが打ち上げたCOBE衛星によって、現在のハッブル半径に近い大スケールにおいて、1990年代初頭に最初に発見され、インフレーション理論が予測するスケール不変(揺らぎの振幅がスケールによらないこと)に近い特徴を持っていました。これによって、インフレーションが信頼性のある理論であることが示唆されましたが、COBEの観測は大スケールに限られており、初期宇宙の物理を詳細に探るには、より幅広いスケールでの温度揺らぎのデータが必要でした。

2001年に、より小さなスケールも含めた宇宙背景輻射の温度揺らぎの全天での観測を目的としてWMAP衛星が打ち上げられ、その結果はインフレーションを強く支持するものでした。２００９年に打ち上げられたＰｌａｎｃｋ衛星は、さらに小スケールに及ぶ宇宙背景輻射の温度分布を高精度で観測し、数あるインフレーション模型の中でどのような模型が好まれるかを選別することを可能にしました。Ｐｌａｎｃｋ衛星による宇宙背景輻射のマップが下図に示されています。ＣＯＢＥ衛星によるマップ（57ページの図の下側）と比べて、いかに観測の精度が向上したかを確認できると思います。

宇宙背景輻射の温度揺らぎは、宇宙の過去から現在までの進化の情報を含んでいるので、その詳細な観測データによって、宇宙論のパラメータ（例えば、現在の物質の組成など）に関するさまざまな情報を引き出すことができます。

Planck衛星によって観測された宇宙背景輻射の全天マップ

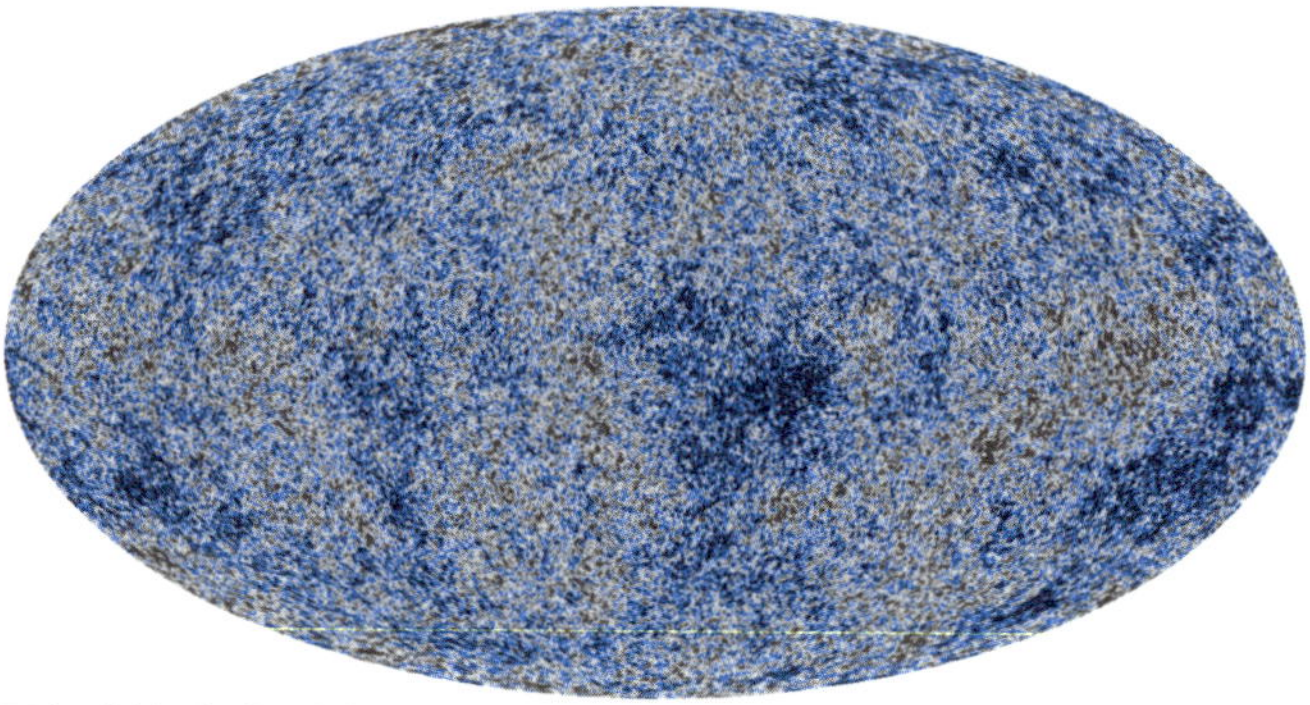

灰色が高温部分、青色が低温部分を表している。

122ページで述べたように、インフレーションによってスケール不変に近い初期のスカラー場の揺らぎが生成され、その揺らぎがインフレーション後から現在まで進化し、宇宙背景輻射の温度揺らぎとして観測されているわけです。

温度揺らぎの波長依存性

126ページに、Planck衛星で観測された宇宙背景輻射の温度揺らぎの振幅の波長に関する依存性(スペクトル)を示します。横軸は最終散乱面を見込む角度θを表し、図の右側ほどθが小さく、小さなスケールに対応します。丸で示された点が、Planck衛星による観測データを表し、見込み角が0.07°の小スケールから90°の大スケールに至るまでの、詳細なデータが、このマップから引き出せています。

図の実線は、観測データと最も適合する理論曲線を表しており、いくつかの山と谷が交互に見えます。これは、温度揺らぎのスケールに依存する振動を表しており、この振動は、122ページで述べたように、インフレーション後に揺らぎの物理的波長λaがハッブル半径c/Hの中に入った後に起こる、光子の揺らぎの振動でもたらされます。より正確には、輻射優勢期に光子とバリオンは強く結合しており、その一体となった混合流体(光子・バリオン流体)が持つ圧力が伝わることによって、ハッブル半径内で音波と同様な音響振動が起こります。

空気分子が振動して疎密を作ることによって音波が伝わるように、光子・バリオン流体は、$c_s \approx c/\sqrt{3}$ 程度の音速を持つ音波として振る舞います(cは光速)。この光子・バリオン流体が、暗黒物質などで作られる重力場中を音速c_sで振動することによって、下図のような山と谷ができます。

このような音響振動が起こり始める前は、物理的波長λa はハッブル半径 c/H の外側にあります(120ページの図を参照)。そのような超ハッブル領域では、イ

●宇宙背景輻射の温度揺らぎのスペクトル

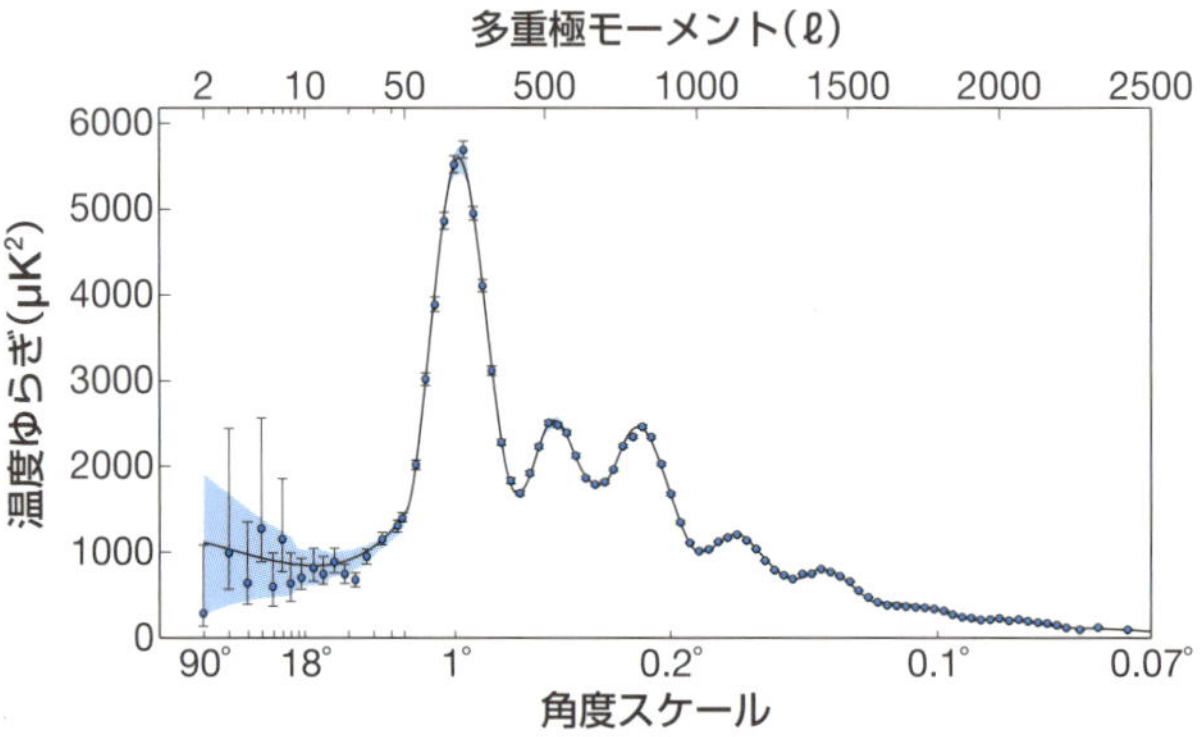

縦軸が温度揺らぎの振幅で、横軸が最終散乱面を見込む角度を表す。丸で示された点がエラーバー付きのPlanck 衛星による観測データで、実線が観測データと最適合する理論曲線を表す。

ンフレーションで揺らぎが生成して凍結したときの振幅を保っています。宇宙背景輻射で観測される温度揺らぎの物理的波長は、インフレーション直後にはハッブル半径よりも大きく、その時期には温度揺らぎのスペクトルは、スケール不変に近くなっています。

スケール不変性からのずれ

インフレーションはスケール不変に近い揺らぎを生み出すといいましたが、実際にはスケール不変からのわずかなずれが存在します。時空の曲率の揺らぎに相当する重力ポテンシャルΦの2乗を、パワースペクトルP_sと定義し、波数と呼ば

●インフレーションで生成される重力ポテンシャルのパワースペクトルの、スケール依存性

横軸は波数 $k = 2\pi/\lambda$ を表す(λ は揺らぎの波長)。スケール不変は $n_s = 1$、青方偏移スペクトルは $n_s > 1$、赤方偏移スペクトルは $n_s < 1$ に相当する。

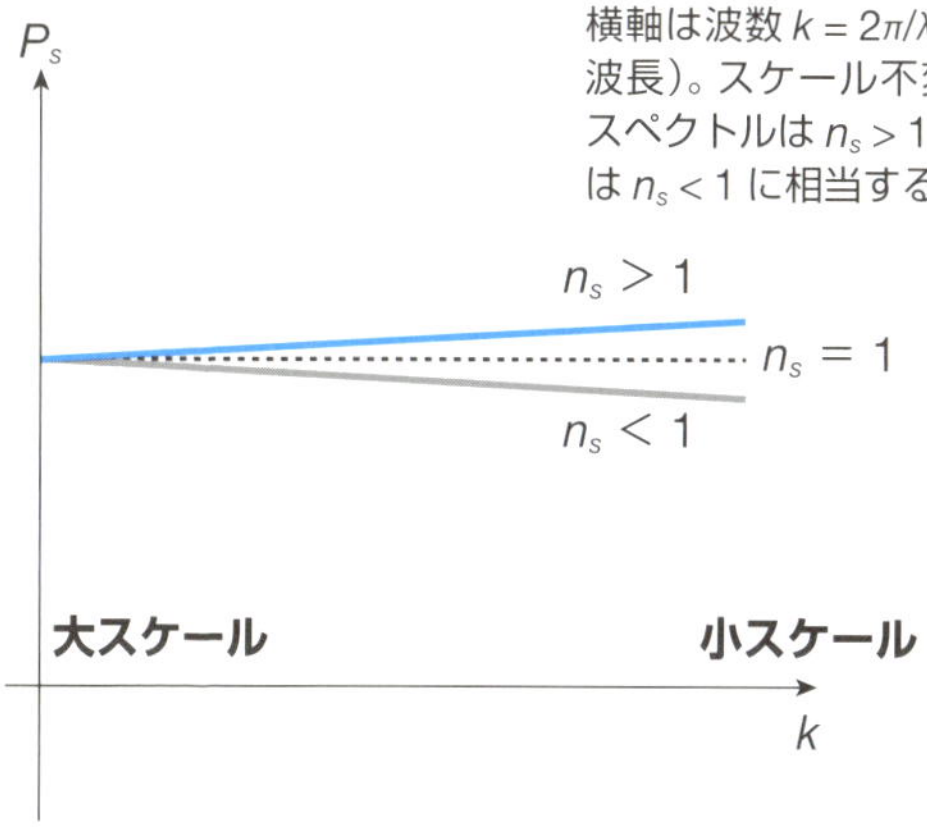

れる量$k=2\pi/\lambda$を定義すると、インフレーションで生成されるΦのパワースペクトルは、$P_s=P_0k^{n_s-1}$という形で書かれます。ここで、n_sはスペクトル指数と呼ばれる定数、P_0はkによらない定数です。P_sがインフレーション後に時間発展することで、126ページの図のような温度揺らぎのスペクトルへと進化を遂げます。スケール不変は$n_s=1$に相当し、P_sはkによらず（つまり波長λによらず）一定の値を取ります。

スケール不変性からのずれは、n_s-1で特徴づけられ、$n_s>1$のときは、パワースペクトル$P_s=P_0k^{n_s-1}$はkが小さいほど（λが大きいほど）、小さくなります。このように、大スケールほど振幅が小さくなる場合を、青方偏移スペクトルと呼びます。逆に、$n_s<1$のときは、λが大きいほどパワースペクトルは大きくなり、この場合を赤方偏移スペクトルといいます（127ページの図を参照）。

宇宙背景輻射からのインフレーション模型の選別

スカラー場ϕ（インフラトン場）の持つポテンシャルエネルギーによってインフレーションは起こりますが、インフラトン場の起源がわかっておらず、現在までにさまざまなポテンシャルVが提唱されています。76ページの図にあるポテンシャルはその一つの例であり、この場合には$n_s<1$です。それぞれのポテンシャルによって予言されるn_sの値が異なることから、宇宙背景輻射の温度揺らぎのスペクトルの詳細な観測によって、インフレーションの模型の選別をすることが可能なのです。Planck衛星によるデータを用いた2013年の解析では、$n_s=0.9585\pm0.0070$という制限が得られています。

その結果、$n_s>1$の青方偏移スペクトルは観測的に好まれないことがわかりました。76ページの図にあるようなポテンシャルは、Planck衛星による制限と整合的です。

重力ポテンシャルΦは、スカラー場ϕの揺らぎ$\delta\phi$によって生成されますが、それ以外にも、重力波という時空のゆがみの時間変動に関する波動の存在が、一般相対論から予言されます。インフレーションによって生成される重力波のスペクトルも、スケール不変に近くなります。ただし、重力ポテンシャルの場合との主な違いは、インフレーションで生じる重力波の初期スペクトルP_hが、P_sと比べて十分小さいという点です。そのため、宇宙背景輻射の観測での重力波の検出は難しく、Planck衛星の観測では、P_hとP_sの比$r=P_h/P_s$の上限が、$r<0.11$と制限されました。

ただし、インフラトン場の持つポテンシャルVの違いによって、rの理論的な値が異なることから、n_sと合わせてインフレーションの模型を選別できます。例えば、ポテンシャル$V \propto \phi^4$のときには、n_sが0.95前後ですが、rは0.25前後で値が大きく、そのような模型は好まれません。このように、WMAP、Planckの精度のよい観測データが現れて、ポテンシャルに対する制限がつくようになりました。インフラトン場の起源はまだ解明されていませんが、今後の観測データの精度のさらなる向上と原始重力波の検出によって、その起源に近づくことができると期待されています。

特に超弦理論に基づくインフレーション模型の理論的な構築の研究は活発に行われており、139ページ以降でそれについて解説します。その前に次ページ以降では、超弦理論の基礎を説明します。

Section 20

万物の理論の候補

自然界の4つの力の統一を目指す超弦理論

点粒子で現れる発散

すでに述べたように、自然界には4つの力があり、これらの力を一つの量子論として統一的に扱おうとすると、重力の存在がその大きな障害となります。重力は他の3つの力と比べて特殊な性質を持ち、エネルギーを上げるほど、除去するのが難しい量子的な効果が顕著となり、無限大に発散する項が多く現れてきます。例えば電磁気力の場合にも、量子的な効果を計算すると、そのような無限大の項が生じることがありますが、電荷などにそれを吸収させることによって実質的に無限大を取り除けます。このような操作を繰り込みと呼びます。電磁気学では繰り込みが可能ですが、重力の場合には困難なのです。

このような無限大の項が現れるのは、重力を伝える重力子を、大きさのスケールが0

の点状の粒子として考えることに一因があります。22〜23ページで解説した不確定性原理によって、粒子の持つ運動量 p とその位置（大きさ）x の積は、プランク定数という小さな定数 h 程度の値を持ちます。点状の粒子（点粒子）であれば、大きさ x が0の極限で運動量 p およびエネルギー E が発散し、それが無限大を生じさせる原因となります。

大きさを持つ弦による描像

点粒子でなく、下図にあるようなある長さ x を持つ弦を考えると、x は0でないため小さくなれる限界があり、運動量およびエネルギーが有限となり、無限大が生じるのを回避できます。弦には、開いた弦と閉じた弦の2種類を考えることができます。これらの弦の典型的な大きさは、プランク長（10^{-35} m）程度であり、弦が非常に小さい

●開いた弦（左）と閉じた弦（右）

2種類の弦は互いに相互作用し、開いた弦だけの理論から出発しても、閉じた弦が生じる。

ため、粒子のように見えていると解釈することができます。この2種類の弦が、力を媒介する粒子と同様な振る舞いをするのです。

開いた弦の場合は、力を媒介するゲージ粒子と解釈できます。一方で閉じた弦は、重力を媒介する重力子と同様に振る舞います。これらの弦は互いに相互作用しますが、興味深いのは、開いた弦だけの理論から出発しても、例えば弦が輪を作ることで、閉じた弦が生じるという点です。つまり、弦を基本要素とする弦理論は、重力子の存在を自然に予言し、重力を含んだ理論となっているのです。

ゲージ粒子や重力子はボース粒子であり、そのようなボース粒子だけの弦理論では、タキオンと呼ばれる質量の2乗が負である特殊な粒子が現れ、真空が不安定になります。タキオンは、フェルミ粒子を考えることにより取り除くことができます。つまり弦理論では、真空を安定化させるという要請から、物質を構成するフェルミ粒子の存在が自然に予言されるのです。それ以外にも、ボース粒子とフェルミ粒子を入れ替えたときに理論が変わらないという、超対称性という概念も必要であり、この対称性のもとに構築された弦理論を、超弦理論と呼びます。

超弦理論の第一次革命期

マイケル・グリーンとジョン・シュワルツは1984年に、理論的に矛盾のない超弦理論は5種類に絞り込まれることを示し、第一の超弦理論の革命期が訪れました。それらは、弦の種類、ゲージ理論の対称性、超対称性の数によって、I型、IIA型、IIB型、ヘテロ型SO(32)、ヘテロ型$E_8 \times E_8$と呼ばれています。これらの理論と相対性理論との整合性から、弦の存在する時空(時間と空間を合わせたもの)の次元が10であることが必要になります。この10次元というのは、前述したタキオンや、ゴーストと呼ばれる負の運動エネルギーを持つ特殊な粒子が現れないという要請から出てきます。一方で我々は4次元時空に住んでいますから、残りの6次元がどのようにして我々に見えないものになっているかが問題になります。

もし、余剰次元である6次元が小さな球のように丸まっていれば、10次元の理論を実効的に4次元の理論として扱うことができます。このように余剰次元が我々の目に見えないくらいに小さく丸め込まれていることをコンパクト化と呼び、余剰次元の大きさは、典型的にはプランク長程度と考えられています。コンパクト化された領域はあまりにも小さいので通常の実験では観測されず、プランク長が関係するような超高エネルギー(10^{19} GeV)まで到達して初めて、余剰次元の存在が見えてくると考えられています。

大型の衝突型加速器(粒子を加速させて衝突させる装置)を用いて、余剰次元の存在を探査する実験も行われていますが、現状で到達できるエネルギースケールは、10^{19} GeVよりもはるかに小さいため、超弦理論は実験的に検証できていません。つまり理論を支持する実験的証拠は現状では何も見つかっておらず、また理論自体も完成していません。それにもかかわらず超弦理論は、4つの力の統一を目指す最有力候補として、大きな魅力を持っているのです。

超弦理論には、弦が相互作用する際の定数と弦の張力という2つの定数しか存在せず、その意味で予言力のある理論です。理論が完成した暁には、2つの定数だけで、ゲージ粒子によるさまざまな相互作用を記述できると考えられています。しかも、閉じた弦が開いた弦とともに必然的に現れ、重力子をゲージ粒子と一体のものとして扱うことができます。この特性は、一般相対論に基づく重力理論につきまとう無限大の量を除去できる大きな可能性を秘めているのです。

超弦理論の第二次革命期

1995年頃にエドワード・ウィッテンは、弦の相互作用が強い場合の研究に取り組み、すでに述べた5種類の超弦理論が、M理論と呼ばれる11次元の理論で統一的に記述できることを示唆しました。この理論は、11番目の小さな余剰次元を考え、その大きさが0の極限で、すでに述べた10次元の5種類の理論が現れるというものです。つまりM理論は、5種類の超弦理論の統一を試みる、いってみれば究極の物理理論として期待されているものです。この理論の提唱と同時期に、ジョセフ・ポルチンスキーによってDブレーンと呼ばれる高次元の膜の存在が発見されました。弦の結合定数の強さによって、弦だけでなく、膜のような構造が現れることがわかり、これにより第2の超弦理論の革命期が訪れました。

Dブレーンのは、ディリクレ(Dirichlet)型境界条件の頭文字が由来で、これは境界が固定された条件に対応します。例えば、137ページの図にあるような2次元のDブレーンを考えると、開いた弦の両端は膜状にあり、そのような制約のもとでしか運動できないことを意味します。それに対して閉じた弦は、端点を持たないため、膜上に運動を制限されず、全空間を運動できるのです。

Dブレーンからは、閉じた弦に相当する重力子が放出されるので、Dブレーンはいわば、重力を生み出す源となっている物体と解釈することもできます。実際にDブレーンは、重力が強い極限のブラックホールと同一視することができ、そのもとで、1970年代にホーキングが導いたブラックホールの熱輻射の関係式を再現することが示されたのです。これにより、ミクロなブラックホールの蒸発の過程を、整合的に理解することが可能になったのです。

●Dブレーンの模式図

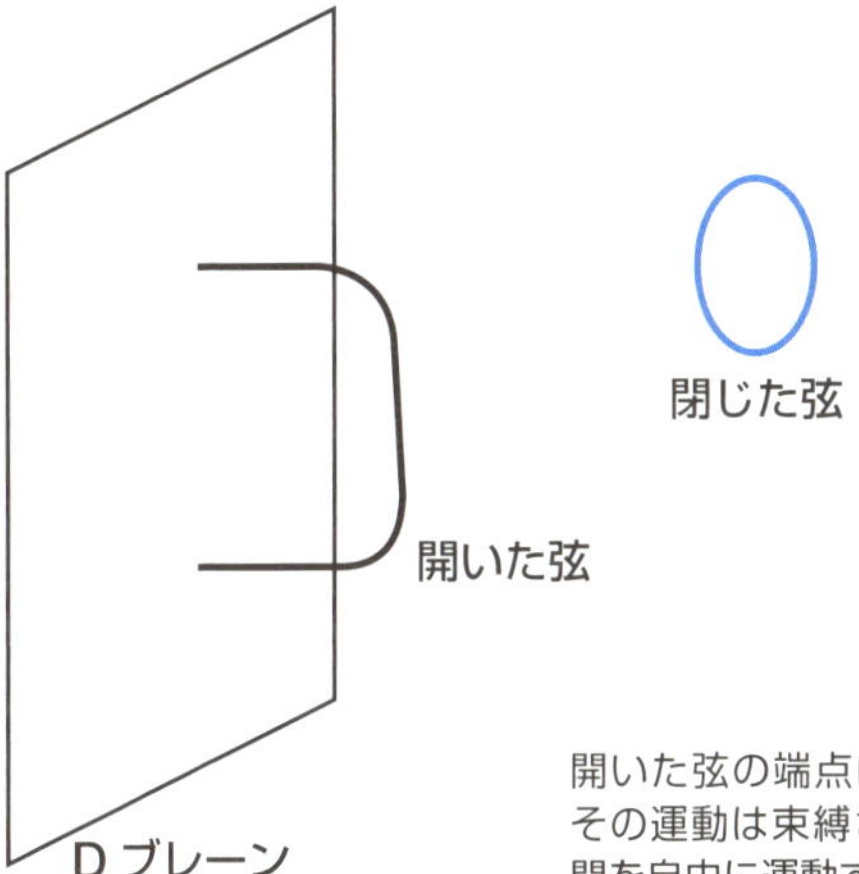

開いた弦の端点は D ブレーン上にあり、その運動は束縛されるが、閉じた弦は空間を自由に運動することができる。

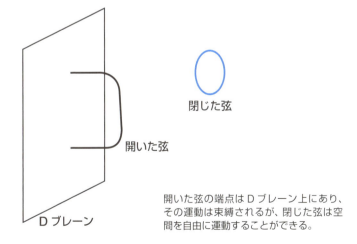

ブレーンワールド

Dブレーンの考え方を発展させて、1999年にリサ・ランドールとラマン・サンドラムは、ブレーンワールドという模型を提唱しました。これは、5次元時空(空間4次元と時間1次元)の中に空間3次元を持つDブレーンが存在し、重力のみが閉じた弦として、バルクと呼ばれる余剰次元の方向に伝搬するというものです。開いた弦はDブレーン上に束縛されており、重力以外のフェルミ粒子間の相互作用はDブレーン上で起こります。つまり、我々の宇宙はDブレーンそのもので、余剰次元はDブレーンに交わる方向に無限に広がり、小さく丸め込まれていないという状況になっています。

ブレーンワールドは、超弦理論に動機づけられた現象論的な模型の一つにすぎません。ウィッテンが提唱した11次元のM理論から出発すると、7次元の余剰空間をコンパクト化する必要が生じます。M理論は依然として未完成であり、そのようなコンパクト化の手法も一意には決まっていません。しかし、今後の超弦理論の進展に伴い、重力の量子化、ビッグバン特異点の解消、インフレーションを起こす機構などのさまざまな宇宙論的な問題が解決されると期待されています。

Section 21

宇宙の観測からの超弦理論の検証

観測によって探る超高エネルギーの物理

Dブレーンによるインフレーション

超弦理論は、超高エネルギーでその様相が現れてくると期待され、例えば宇宙初期の物理現象でその兆候が見られることが期待されます。実際に、超弦理論を用いてインフレーション模型を構築する研究が活発に行われています。その場合、余剰次元が存在するので、その大きさを小さく保ち、空間3方向のみを加速膨張させる必要があります。超弦理論では、さまざまなスカラー場が現れますが、場が持つポテンシャルが十分に平坦でないとインフレーションは起こりません。

しかし、Dブレーンのような自由度があると、インフレーションを起こすことが可能です。Dブレーンは、高次元空間内を動くことができ、その世界体積に垂直な方向のDブレーンの位置が、スカラー場によって記述されます。

この場がポテンシャルを持つためには、Dブレーンに何らかの力が働く必要があります。Dブレーンは、一般に電気量を持っており、それと逆の電気量を持つ反Dブレーンが存在します。Dブレーンと反Dブレーンを平行に置くと、正と負の電荷が引き合うように両者の間に引力が働き、これによって、クーロンの位置エネルギーと同様なポテンシャルエネルギーが生じます。つまり、Dブレーンの位置に相当するスカラー場がポテンシャルエネルギーを得るのです。

Dブレーン・インフレーションのポテンシャル

具体的には、141ページの図にあるような高次元の多様体が持つ喉（多様体から外側に伸びている）の途中に、空間3次元のD3ブレーンがあり、喉の端点には反D3ブレーンが存在し、D3ブレーンの位置がスカラー場ϕに相当します。多様体には、空間7次元のD7ブレーンも存在し、それに巻きついたり貫いたりするフラックスという束が存在し得ます。このような場合、D3ブレーンが動きつつ余剰次元を小さく保つことが可能で、それをフラックス・コンパクト化と呼びます。

D3ブレーンのポテンシャルは、反D3ブレーンとの引力による寄与$V_{D\bar{D}}$だけでなく、フラックス・コンパクト化から生じる寄与V_Fも含み、それらの和 $V_{tot} = V_{D_0} + V_F$ で与えられます。フラックスの数などによって、ポテンシャルの形状は異なり、下図にある(a)、(b)、(c)のような場合が考えられます。

　ポテンシャルが十分に平坦に近いとインフレーションを起こしますから、(b)の場合であれば、D3ブレーンが反D3ブレーンに向けて運動している際にインフレーションが起こり、最終的にD3ブレーンと反D3ブレーンが対消滅します。下図では、$\phi = 0$がこの対消滅に相当し、その後に再加熱が起こり、宇宙が熱い火の玉になるというシナリオです。なお、図の(a)や(c)の場合では、インフレーションが十分に起こった後に再

●Dブレーンによるインフレーションの模式図

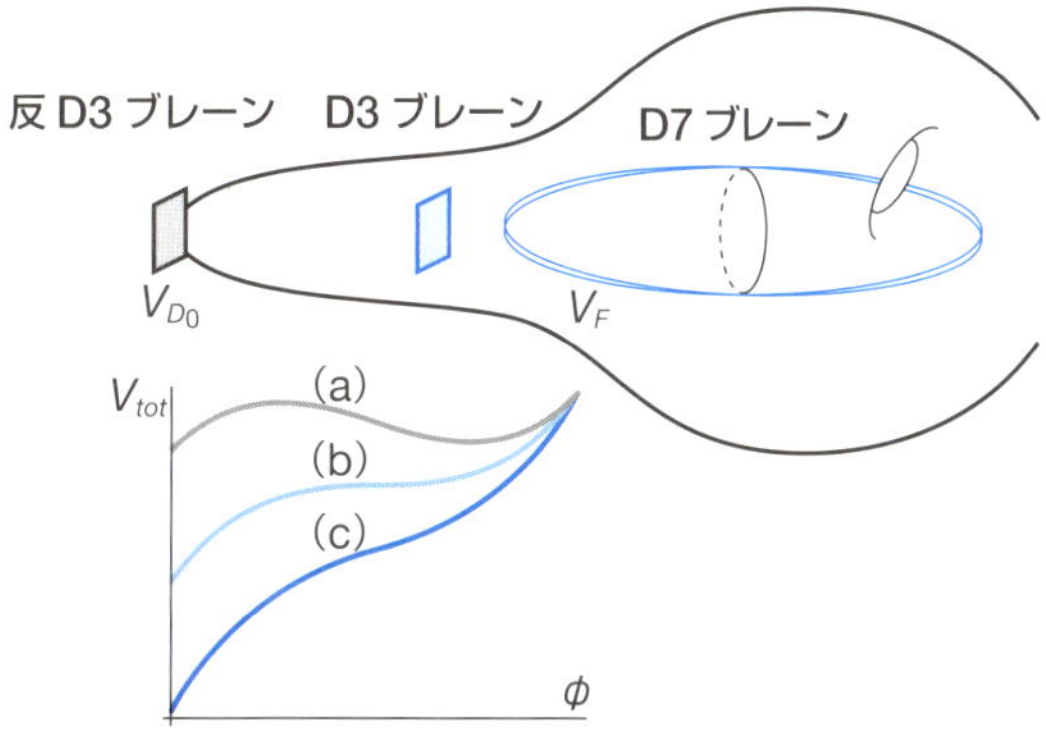

空間3次元のD3ブレーンが、多様体の喉の端点にある反D3ブレーンとの間に働く引力で、高次元空間内を移動することで、インフレーションが起こる。

加熱期につながるようになっていません。

このようなDブレーン・インフレーションは、超弦理論の観測からの検証につながる興味深いシナリオです。ただし、図(b)のような平坦なポテンシャルは、ある程度は模型のパラメータを調整しないと現れないため、有効なパラメータ領域にかなりの制限があります。特にポテンシャルの平坦性が保たれないと、128ページで説明した原始密度揺らぎのスペクトル指数 n_s が、スケール不変の値1から大きくずれ、Planck衛星による観測的な制限 $n_s = 0.9585 \pm 0.0070$ を満たせなくなります。

また、原始重力波のスペクトル P_h と重力ポテンシャルのスペクトル P_s に対する比 $r = P_h/P_s$ は、Dブレーン・インフレーションでは一般に 10^{-3} よりも小さくなります。原始重力波が見つかり、もし r が 10^{-3} よりも大きいことが確定すれば、同模型を棄却することが可能です。このように、宇宙背景輻射の揺らぎの詳細な観測から、超弦理論の有効性について議論することができるのです。前述のDブレーン・インフレーションは、超弦理論に基づく代表的な模型の一つですが、将来の理論の進展に伴い他の有効な模型の構築も可能であると期待されます。いずれにせよ、理論と観測の双方の進展により、インフレーションの起源の解明に近づくことが望まれます。

エキピロティック宇宙論

138ページで述べたブレーンワールドの話に付随して、2枚のブレーン同士の衝突によってビッグバンが始まったとするエキピロティック宇宙論が、2001年に提唱されました。Dブレーン・インフレーションとの違いは、ブレーン間に働く力に関するポテンシャルが負であり、それによって、宇宙が加速膨張するのではなく収縮するという点です。ブレーン同士の衝突前までは、宇宙は収縮しているのですが、衝突後に宇宙は熱い火の玉になり、膨張を始めます。エキピロティック模型では、ブレーン同士の衝突がいわば再加熱期に相当し、その後に宇宙は輻射優勢期に移行します。つまりこのシナリオでは、インフレーションの時期が存在していないのです。

エキピロティック宇宙論は、インフレーション理論と異なり、現在の宇宙が非常に平坦に近いことを自然に説明できません。さらに、宇宙の収縮期に生成される原始密度揺らぎのパワースペクトルを計算すると、$n_s = 3$ の青方偏移スペクトルになります。これは、スケール不変($n_s = 1$)の場合と大きくずれており、宇宙背景輻射の観測と全く合いません。

このようにインフレーションを用いないシナリオでは、一般に観測を説明することが難しく、その意味でインフレーションが最も信頼できる初期宇宙のシナリオであると考えられています。今後は、超弦理論の枠組で真に有効な模型を構築することが、最優先事項といえます。将来の観測で、余剰次元の兆候を探りあてることができるかもしれません。

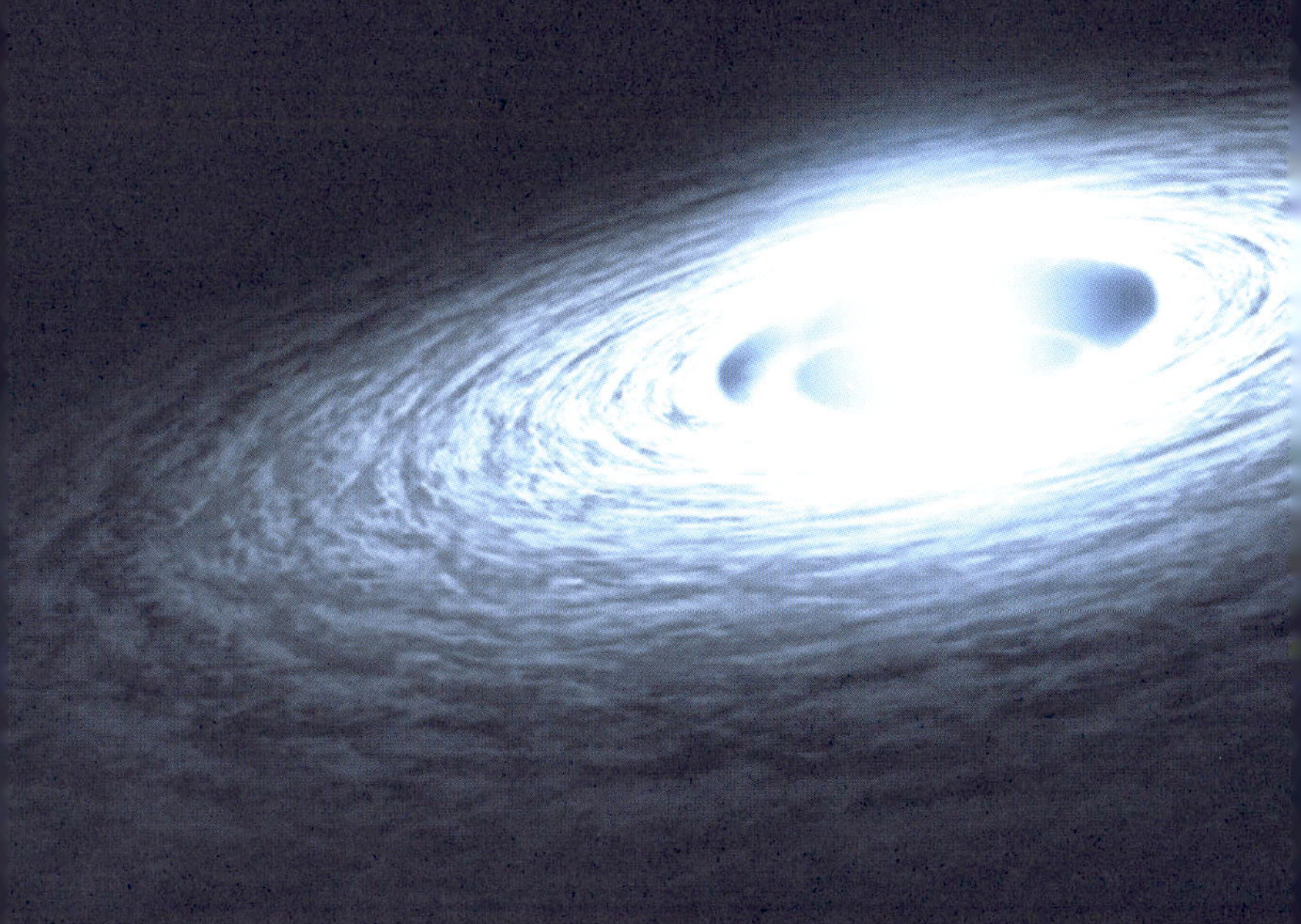

Chapter. 5

暗黒エネルギーと暗黒物質に包まれた現在の宇宙の状態は?

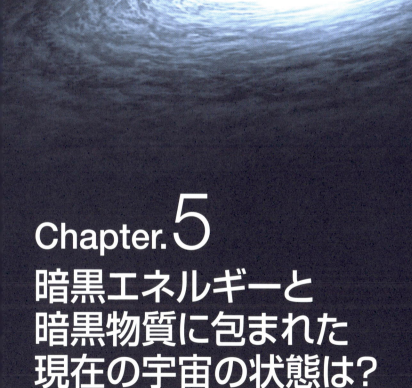

Section 22

宇宙の後期の進化

現在の宇宙を占める2種類の暗黒成分

暗黒エネルギーと暗黒物質

Ｃｈａｐｔｅｒ４では、宇宙背景輻射の観測によって、インフレーションのような宇宙初期の物理現象を探査できることを説明してきました。１２６ページにあるような温度揺らぎのスペクトルは、現在観測されているものなので、宇宙後期の進化の影響も受けます。特に物質優勢期以降に、暗黒エネルギーと暗黒物質がどのように時間変化するかによって、温度揺らぎのスペクトルが変わります。Ｐｌａｎｃｋ衛星の観測その他から、現在の宇宙の全エネルギーのうち、約70％が現在の宇宙を加速膨張させる暗黒エネルギー、約25％が物質優勢期に大規模構造の形成の主役を担った暗黒物質であることがわかっています。この2つの暗黒成分の起源は不明であり、それらの性質を完全に明らかにし起源が特定できてこそ、宇宙の未来を物理的に予測することが可能になります。

以下ではまず、暗黒エネルギーの現在での割合が、Ia型超新星や宇宙背景輻射の観測によってどのようにわかるかについて説明します。暗黒エネルギーの性質を特徴づける重要な観測量として、状態方程式wという量があり、その物理的な意味と観測からの制限について議論していきます。さらに、暗黒エネルギーの理論的な模型の候補として、$w=-1$である宇宙項とそれ以外のwが変化する模型がありますが、それらに関して解説していきます。

次に、もう一つの宇宙の暗黒成分である暗黒物質について、その観測的証拠と銀河形成との関連から出発して、その物理的性質と理論的な候補について話を進めていきます。そして、暗黒物質の検出を目指したいくつかの実験について触れていきます。

超新星の観測データ数の増加と、暗黒エネルギーの割合への制限

Chapter3の最後で、Ia型超新星の観測から、現在の宇宙の加速膨張が1998年に発見されたことに触れました。リース、シュミット、パールマターらの最初の解析では、まだIa型超新星が40個程度しか観測されていませんでしたが、パールマターらは、暗黒エネルギーの起源が宇宙項であると仮定し、現在の非相対論的物質の割合に対

して、$\Omega_m = 0.28^{+0.09}_{-0.08}$（0.28 が最も確からしい値で、+0.09 と -0.08 は観測データの不定性による誤差）という制限を得ました。ここでいう非相対論的物質とは、暗黒物質とバリオンを合わせたものです。輻射は現在では0.01％以下で少なく、28％以外の残りの72％のほとんどが暗黒エネルギーです。Ia型超新星のデータは現在、500個以上得られており、暗黒エネルギーの割合に関する誤差も小さくなってきています。

その他の観測データからの暗黒エネルギーへの制限

すでに述べたように、宇宙背景輻射の温度揺らぎからも、暗黒エネルギーの性質に関する情報が得られます。126ページの図の温度揺らぎのスペクトルの山の位置は、現在から宇宙の晴れ上がり時までの距離によって変わり、この距離は晴れ上がり以降の宇宙の進化に依存します。その進化は、暗黒エネルギーの現在の割合 Ω_{DE} によって変わります。Ω_{DE} が大きいほど、同図の最も高い山の位置が左側にずれます。また Ω_{DE} が増えると、同図の左側の大スケールでの温度揺らぎの振幅が増える傾向にあります。2003年にWMAPグループは、温度揺らぎから暗黒エネルギーの割合に制限をつけ、Ia型超新星から得られるのと同様な $\Omega_{DE} = 0.72$ 程度の中心値を得ました。

またすでに述べたように、宇宙の晴れ上がり期以前にバリオンは光子と強く結合しており、波が音速で伝わる音響振動をしていました。光子のエネルギー密度の揺らぎが温度揺らぎとして観測されたように、バリオンの揺らぎの音響振動が、100万個にも及ぶ銀河の分布の測定から2005年に発見されました。このバリオン音響振動によっても、その振動のピークの位置の観測から、我々から銀河までの距離の評価ができます。これによって暗黒エネルギーの割合に制限がつき、バリオン音響振動の観測データは、やはりΩ_{DE}が0.7前後の値が好まれることを示していました。

2013年にPlanck衛星による温度揺らぎのデータが得られ、観測の精度が上がった結果として、宇宙背景輻射の観測データだけからでも、暗黒エネルギーの存在の証拠が得られました。つまり、暗黒エネルギー

●現在の宇宙のエネルギーの組成

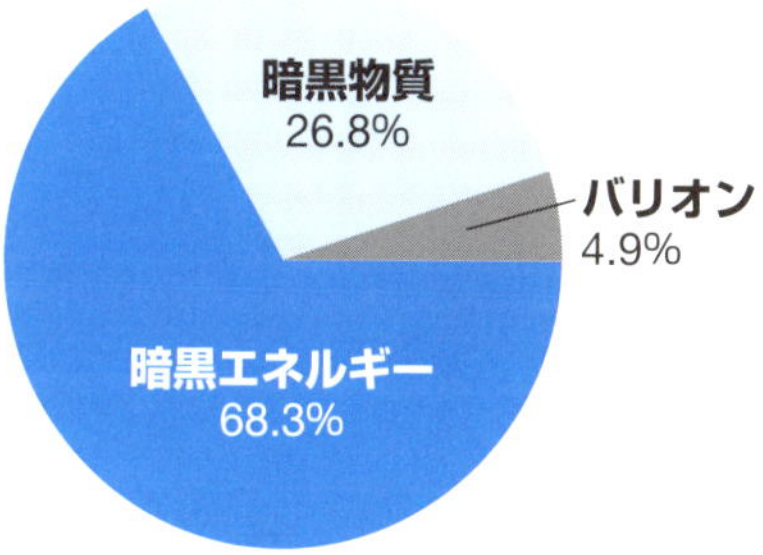

このエネルギー組成は、Planck衛星による宇宙背景輻射の観測データとその他のデータから制限される。

がないと、観測された温度揺らぎのスペクトルと合わないのです。149ページの図に、2013年までのさまざまなデータによる、現在の宇宙のエネルギーの組成を示します。最新の観測では、暗黒エネルギーは68.3%、非相対論的物質は残りの31.7%で、後者のうち、26.8%が暗黒物質、4.9%がバリオンに相当します。

ΛCDM模型

暗黒エネルギーの起源はわかっていませんが、宇宙が膨張してもそのエネルギー密度が変化しない宇宙項Λというものがあります。エネルギー密度が変化する他の候補もありますが、現在の観測と矛盾しない最も単純な候補が宇宙項です。

暗黒物質に関しては、宇宙の晴れ上がり期までに非相対論的になる場合を冷たい暗黒物質(CDM)と呼び、晴れ上がり時に相対論的であるものを熱い暗黒物質(HDM)といいます。このうち、宇宙の大規模構造の主役となるのは、CDMのほうです。

現在の宇宙論の標準模型は、宇宙項と冷たい暗黒物質が宇宙の2つの暗黒成分である、ΛCDM模型です。この模型は、現在までに得られている観測データと基本的に整合的ですが、暗黒エネルギーの起源として他の可能性も考えられます。

Section 23

暗黒エネルギーの性質と観測からの制限

観測から制限される暗黒エネルギーの状態方程式

負の圧力による加速膨張

暗黒エネルギーは負の圧力を持ち、それは重力と逆向きの斥力です。152ページの図のように、宇宙膨張とともに半径 a の球面上にある質点が外側に動いていく場合を考えると、暗黒エネルギーの圧力による寄与が重力を上回るとき、宇宙は加速膨張します。そのような場合の宇宙進化は、一般相対論の枠組みではアインシュタイン方程式を解けばわかります。

状態方程式

暗黒エネルギーの性質を特徴づける最も重要な量として、状態方程式 w があり、Ia型超新星の観測データなどから、w の時間変化などの情報が引き出せます。一般に物質は、密度ρと圧力Pを持っています。密度ρは単位体積あたりの質量mに相当するので、エネルギーEと質量mを結びつけるアインシュタインの関係$E = mc^2$から、ρc^2が単位体積あたりのエネルギーに対応し、これをエネルギー密度といいます。物質が速い速度で運動していると、圧力Pを持っており、圧力は粒子がどれだけ速い運動をしているかの尺度になります。圧力とエネルギー密度の比$w = P/(\rho c^2)$を状態方程式といいます。

状態方程式は任意の物質に対して定義され、例えば輻射のときは、光子の速い運動によって正の圧力を持ちます。統計力学から、輻射に対して$P = \rho c^2/3$という関係式が成り立つことがわかっているので、この場合は$w = 1/3$です。非相

●暗黒エネルギーが存在する宇宙での、加速膨張に関する概念図

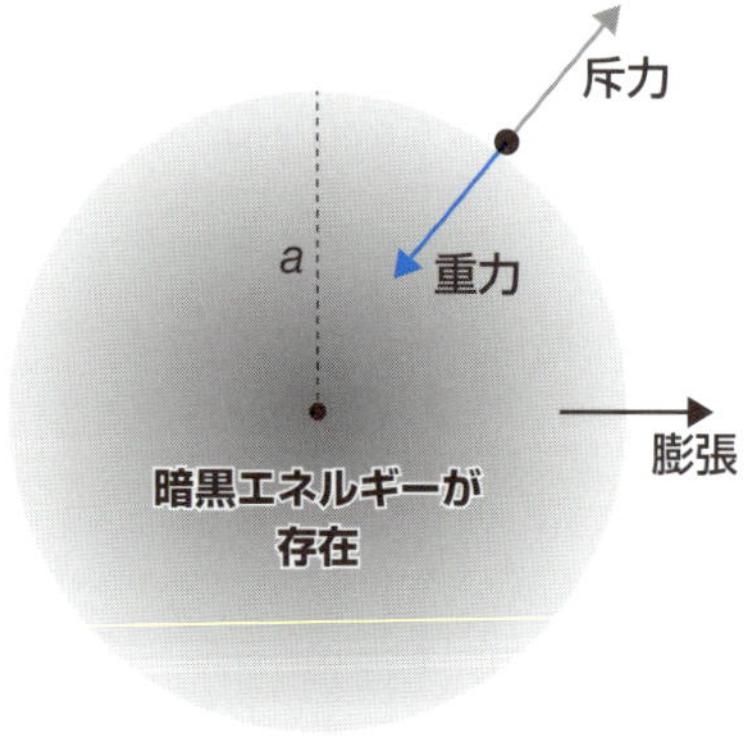

暗黒エネルギーによる負の圧力（斥力）が重力を上回ると、宇宙は加速膨張する。

対論的物質では、圧力が小さく$P \ll \rho c^2$を満たしており、$w \approx 0$です。暗黒エネルギーは負の圧力を持っているため、$w < 0$であり、輻射や非相対論的物質と異なっています。

一般に、wが一定で-1より大きい物質が宇宙を支配するとき、密度はスケール因子aの関数で$\rho \propto a^{-3(1+w)}$、aは時間tの関数で$a \propto t^{2/[3(1+w)]}$と変化します。$w < -1/3$のとき、$2/[3(1+w)] > 1$であり、スケール因子は加速的に増加します。つまり$w < -1/3$の場合、暗黒エネルギーによる斥力が重力を上回り、宇宙は加速膨張します。特にwが-1に近づくと、ρはゆっくりと減少し、スケール因子$a \propto t^{2/[3(1+w)]}$の肩の指数$2/[3(1+w)]$は非常に大きくなります。$w \to -1$の極限では、宇宙が膨張しているのにもかかわらずρが一定という特殊な状況になっており、スケール因子は$a \propto e^{Ht}$のように指数関数的に増加します。$w = -1$の場合が宇宙項Λに相当し、この場合は$P = -\rho c^2 = -\Lambda$です。宇宙項の持つ負の圧力によって、実質的に絶えずエネルギーが補給されている状況になっており、そのため宇宙が加速膨張できるのです。

Ia型超新星、宇宙背景輻射、バリオン振動などの観測から、暗黒エネルギーの状態方程式wとして許容される範囲を絞り込むことができます。1998年のIa型超新星のデータに基づく解析では、宇宙項($w = -1$)が仮定されており、現在の暗黒エネルギーの割合Ω_{DE}に制限をつけていました。もしデータ解析の際に、$w=-1$を仮定せずにwとΩ_{DE}を両方とも変化させるとすると、Ω_{DE}に対する制限は弱くなります。

状態方程式と暗黒エネルギーの割合に対する制限

155ページの図に、2011年までに得られたIa型超新星（SNe）のデータによる、非相対論的物質の現在の割合Ω_mに関する制限が図示されています。Ω_mとΩ_{DE}は$\Omega_m=1-\Omega_{DE}$という関係があります。この解析では、wは一定（時間変化しない）と仮定しています。図中でSNeと書かれた色塗りの領域がその許容領域であり、内側から外側にかけて図示されている3つの実線はそれぞれ、68%、95%、99%の確からしさで制限される領域の境界を表します。この解析ではwを決めていないので、wとΩ_mの許容範囲はかなり広いです。それでもwは$-1/3$より小さく制限され、加速膨張の証拠が見えています。

宇宙背景輻射（CMB）の観測データから、SNeとは独立な制限が得られます。148ページで述べたように、Ω_{DE}の増減によってCMBの温度揺らぎの山の位置が変わります。また、wの違いによっても宇宙の晴れ上がり以降の宇宙進化が変わるので、それもCMBの山の位置に影響を与えます。下図は、WMAP衛星によるCMBの観測データからの制限であり、SNeからの制限とほぼ直交した独立な制限を与えます。CMBとSNeとの統合解析によって、暗黒エネルギーの状態方程式は95%の確からしさで$-1.3<w<-0.8$の範囲にあります。このような統合解析によって、SNeだけからのときと比べて、wとΩ_mの制限は強くなります。

バリオン音響振動(BAO)も、銀河からの光が観測者に届くまでの宇宙進化の情報を反映していて、暗黒エネルギーの性質に関して独立した情報を与えます。下図のようなSNe、CMB、BAOのデータを用いた統合解析によって、wとΩ_mはそれぞれ、$-1.2<w<-0.8$、

●さまざまな観測データからの、暗黒エネルギーの状態方程式wと現在の非相対論的物質の割合Ω_mへの制限

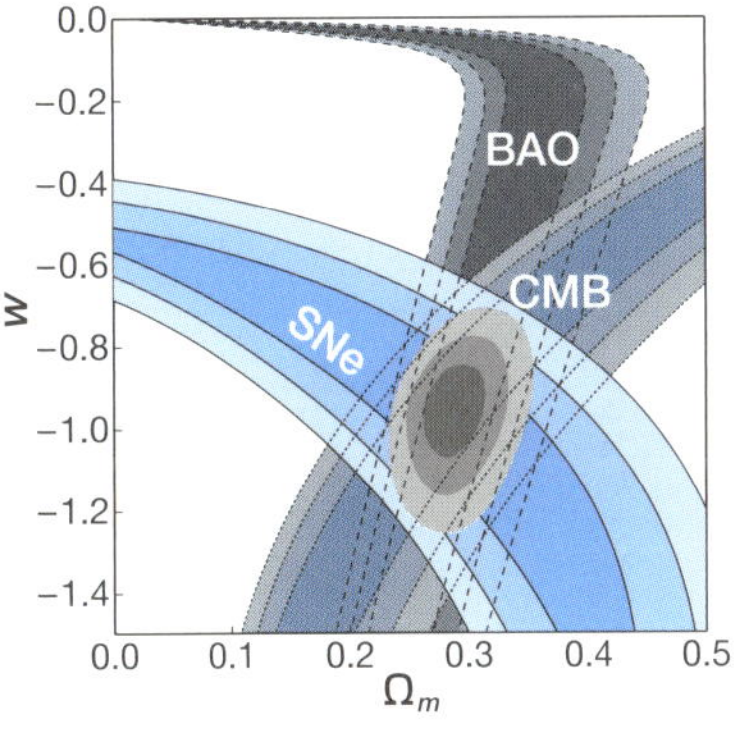

3つの色塗りの領域はそれぞれIa型超新星(SNe)、宇宙背景輻射(CMB)、バリオン音響振動(BAO)の観測から制限される領域を示す。

$0.25 < \Omega_m < 0.33$と95%の確からしさで制限されています。

図の制限は、WMAP衛星によるCMBのデータを用いていますが、2013年のPlanck衛星のデータからも同様な制限が得られています。wは-1前後の値を持ち、$w > -1$の領域だけでなく、$w < -1$の領域も許容範囲にあります。$w < -1$の場合をファントム(幽霊)と呼び、このときの宇宙進化は、204ページで議論します。

また今まで、状態方程式wは時間変化しないと仮定しましたが、宇宙項以外の暗黒エネルギー模型では、一般にwは時間とともに値が変化していきます。そのような場合には、観測からのwとΩ_{DE}の制限は上で述べたものと変わります。それでも一般的に、Ω_{DE}は0.7前後と制限され、wが-1から極端にずれるような場合は好まれないという特徴を持っています。

Section 24

アインシュタインが導入した宇宙項と斥力

宇宙項の復活

宇宙項の導入の歴史

アインシュタインは1915年に一般相対論を構築しましたが、自らが発見した方程式を宇宙論に応用すると、宇宙が膨張する解が現れることに気づきました。アインシュタインは当初、宇宙は静的であると信じていたので、スケール因子aが一定となるように、重力と釣り合う斥力の働きをする宇宙項を方程式につけ加えたのです。

宇宙が平坦であると、このような静的宇宙は実現しませんが、曲率を持つ閉じた宇宙であれば、宇宙項の存在によって、aが一定という状況が実現します。これは152ページの図において、宇宙項による斥力と重力がちょうど釣り合っている場合に相当します。しかしこの静的宇宙は不安定であり、少しでも摂動を加えると、aが一定の状況から離れてしまうのです。これは、山の上に置いてあるボールが静止しているような状況に対応します。谷底にボールが静止している場合は、ボールを左右に動かしてももとの位置に戻ろうとしますが、山の上の場合には、少しでもボールの位置がずれるとすぐにボールが落下していく状況になっており、後者は不安定な釣り合いに相当します。

1929年にハッブルによって宇宙の膨張が観測的に発見されると、アインシュタインは、静的宇宙を作ろうとした自分の非を認めました。後年になってアインシュタインは、〝宇宙項を導入したのは、生涯で最大の失敗であった〟と語ったといわれています。アインシュタイン方程式は、動的に変化する宇宙を自然な解として予言するのです。

1980年代の後半から1990年代の前半にかけて、もし現在の宇宙が非相対論的物質で100%近くが満たされているとすると、うまく説明できない現象がいくつかあることが指摘されていました。一つは宇宙の年齢に関するもので、宇宙年齢が最古の球状星団の年齢より小さいという問題です。宇宙項によって加速膨張が起こると、宇宙年齢が長くなり、最古の星団の年齢を超えることが可能です。宇宙年齢は、過去の宇宙の膨張率Hの逆数と関係しており、加速膨張が起こると、起こらない場合と比べて、過去のHの値が相対的に小さくなり、そのため宇宙年齢が伸びるのです。

宇宙項のエネルギースケールの問題

しかし、そのような長所にもかかわらず、1990年代の初頭には、宇宙項は現実的な存在としてあまり真剣に扱われていませんでした。その主な原因は、理論的に宇宙項の起源を説明することが難しかったためです。69～70ページで説明した真空のエネルギーは、その密度が一定であり、宇宙項と似た性質を持ちます。

ところが、真空のエネルギーは量子論で現れるようなエネルギースケールと関係しており、これは超ミクロな世界の物理の話なので、超高エネルギーです。もし量子論の真空のエネルギーが、プランク長程度までの微視的スケールまで有効であるとすると、そのエネルギー密度は、$\rho_V = 10^{76}$ GeV^4 程度になります(1 GeV = 10^9 eV に相当)。

その一方で、宇宙項が支配的になるのは、物質優勢期以降である必要があります。現在近くで宇宙項が支配的になるとすると、そのエネルギー密度は現在の宇宙の膨張率 H_0 の観測から、$\rho_\Lambda = 10^{-47}$ GeV^4 程度と評価できます。これは、前述の ρ_V と比べて 10^{-123} 倍と極めて小さく、真空のエネルギーの典型的な値と大きな開きがあります。このように、観測と整合的な宇宙項のエネルギー密度が、真空のエネルギー密度と比べて桁違いに小さいという問題を、宇宙項問題と呼びます。

このエネルギースケールの問題のために、あまり歓迎されていなかった宇宙項も、1998年の宇宙の加速膨張の発見によって、再び大きな注目を集めるようになりました。アインシュタインが宇宙膨張の発見後に不要であると切り捨てた宇宙項が、20世紀の終わりに蘇ったのです。アインシュタインが宇宙項を導入した当時は、静的宇宙で重力と宇宙項による斥力の釣り合いを考えたのに対し、宇宙の加速膨張を説明するための宇宙項は、それによる斥力が重力を上回っています。

現在の宇宙の加速膨張を説明するには、前述のように宇宙項のエネルギー密度が$\rho_\Lambda = 10^{-47}\ \mathrm{GeV}^4$程度である必要があります。これよりも値が大きいと、宇宙進化のより早期に加速膨張期に入ります。その場合、宇宙項による斥力が、重力収縮による星や銀河の形成を妨げるため、現在我々が観測しているような豊かな構造が作られなかったことになります。現状では、宇宙項のエネルギー密度がなぜ非常に小さいかを矛盾なく説明できる整合的な理論は存在しないといってよく、依然として活発に研究が行われています。重力とそれ以外の3つの力を統一した理論が完成した暁には、宇宙項問題の解決が可能であると期待されますが、現在は道半ばです。

Section 25

暗黒エネルギーの理論模型

宇宙項以外の暗黒エネルギーの候補

スカラー場に基づく暗黒エネルギー模型

宇宙項は、真空のエネルギーをその起源とするとエネルギースケールの問題点を抱えており、その代替となるさまざまな暗黒エネルギー模型が提唱されています。その候補は大別すると、(i)物質として特殊なものを考えるもの、(ii)重力理論を一般相対論から変更するもの、の2つがあります。(ii)については、190ページ以降で解説することにして、以下では、(i)の模型について説明します。

宇宙の加速膨張を起こすには、実効的に負の圧力を持つ特殊な物質が必要で、そのような性質を持つものとして、スカラー場があります。スカラー場のポテンシャルエネルギーによって現在の宇宙の加速膨張を起こす模型を、クインテッセンス(古代ギリシャで、空気・火・水・土に続いて宇宙に存在するエネルギーと考えられていた存在)と呼び、それは宇宙初期のインフレーションで現れるスカラー場と同様です。ただし、クインテッセンスは低エネルギーの物理に関係しているという違いがあります。

スカラー場がポテンシャル上を動くとき、その運動エネルギーをX、ポテンシャルエネルギーをVとして、場が持つ圧力とエネルギー密度はそれぞれ、$P=X-V$、$\rho c^2=X+V$で与えられます。このことからクインテッセンスの状態方程式は、$w=(X-V)/(X+V)$となります。ポテンシャルが完全に平坦で場が静止しているときは、運動エネルギーXが0であることから$w=-1$となり、この場合は宇宙項に相当します。ポテンシャルが傾きを持ち、場が動くときには$X\neq 0$であり、$w>-1$となります。ポテンシャルが平坦に近く、場がゆっくりと動くときには、$X \ll V$であり、wは-1に近い値を取ります。

クインテッセンス模型の大別と観測からの制限

クインテッセンスの状態方程式wの変化は、ポテンシャルの形状によって異なり、

(A)ポテンシャルの勾配が徐々に緩やかになり、wが-1に向けて徐々に減少していく模型（「凍っていく」模型）

(B)ポテンシャルが初期に平坦に近く、場はほとんど凍結しているが、現在近くになって

場が動きだし、wが増加していく模型（「溶けていく」模型）の2つに大別されます。下図に、2つのタイプの模型でのwの時間変化が図示されています。横軸は、現在のスケール因子a_0とスケール因子aとの比を表し、過去にさかのぼると、a_0/aは大きくなります。模型Ⓐでは、wは初期には大きいが徐々に減少し、模型Ⓑでは、wは初期には-1に近いが、現在近くになって増加します。

　このようにクインテッセンス模型の場合、wは時間変化するので、154ページで議論した、wが一定のときの観測からの制限は使えません。それぞれのポテンシャルに対してwの時間変化を求め、そ

●2種類のタイプのクインテッセンス模型での、状態方程式wの変化

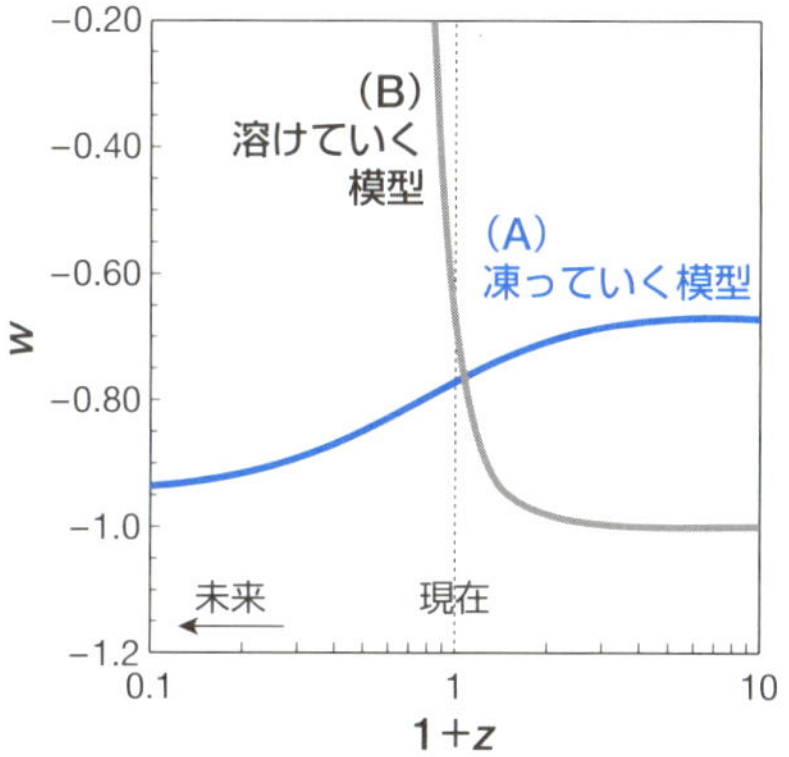

過去から未来に向けて、模型Ⓐで w は減少するが、模型Ⓑで w は増加する。

れらが観測と整合的であるか調べる必要があります。Ia型超新星、宇宙背景輻射、バリオン音響振動のデータを用いた統合解析では、模型Ⓐの場合、初期のwが-1から大きく離れているとデータと合わず、模型Ⓑの場合、-1からのずれが現在近くになって起こる必要があることがわかっています。

wが-1から大きくずれない限り、クインテッセンスは観測データと整合的ですが、宇宙項模型($w = -1$)より特に優位であるという観測的な証拠は得られていません。これは現在の観測が、$w = -1$ の模型とそれから値が ±0.2 程度ずれた模型を区別できるほどの高い精度がまだないことに起因しています。

クインテッセンスの理論模型

クインテッセンスによって現在の宇宙の加速膨張を起こすには、スカラー場が持つ質量mが、現在の宇宙の膨張率H_0と同程度の$m \approx H_0 \approx 10^{-33}$ eV/c^{2}である必要があり、軽粒子である電子でも質量が5×10^5 eV/c^{2}程度ですから、クインテッセンスの質量が極めて小さいことがわかると思います。このような軽粒子が、もしバリオンのような我々が知っている粒子と相互作用すると、自然界の４つの力以外の第5の力が生じます。このような新たな力を検出しようとする実験は行われていますが、現状では第5の力は発見されていません。つまり、クインテッセンスとバリオンとの相互作用は、実験と矛盾しないレベルで抑えられている必要があります。

さらに、クインテッセンスのような非常に小さな質量の粒子は、素粒子の標準理論では現れず、それを超える理論が必要になります。超対称性理論を用いて、クインテッセンス模型を構築する研究は多く行われており、例えば163ページの図のⒷのような模型を構築することが可能です。宇宙項問題と同様に、超対称性理論の典型的なエネルギースケールは、暗黒エネルギースケールよりも非常に大きいため、有効な模型の構築は一般に難しいのですが、超対称性理論で存在する隠れたセクターを利用することで、小さな質量を持ち第5の力の伝搬が抑制されるような模型の構築が行われています。

特殊な物質に基づく暗黒エネルギー模型

クインテッセンス以外にも、スカラー場が持つ運動エネルギーXによって宇宙の加速膨張を起こすk-エッセンスや、圧力Pがエネルギー密度ρc^2と$P=-A/(\rho c^2)$(ただし、Aは正の定数)という関係を持つ、チャプリギンガスなどの模型があります。後者は、宇宙の初期にρが大きいときにはPが小さく、ガスが暗黒物質のように振る舞い、宇宙の後期でρが小さくなるとPが負でその絶対値が大きくなり、ガスが暗黒エネルギーのように振る舞う興味深い模型です。しかしチャプリギンガスは、それによる圧力が大きいため、物質優勢期に十分に宇宙の大規模構造が成長せず、観測と合わないことが知られています。

このように、観測的にすでに棄却された模型もいくつかあり、今後の観測データの精度の向上によって、さらに暗黒エネルギーの模型を絞り込むことができると期待されています。クインテッセンスやk－エッセンスのような模型を、宇宙項模型と観測的に区別できるようになることが、加速膨張の起源に迫る上での鍵となります。

Section 26

もう一つの宇宙の暗黒成分

銀河の形成に重要な役割を果たした暗黒物質

回転銀河と暗黒物質

現在の宇宙の全エネルギーの約25%を占める暗黒物質の存在を最初に指摘したのは、フリッツ・ツビッキーであり、暗黒エネルギーの発見よりもずっと早い1934年でした。ツビッキーは、銀河の集まりである銀河団が持つ質量の測定を試みました。個々の銀河は、銀河団の中心の周りを、重力を受けながら回転運動しています。その公転速度vを測定することによって、銀河団の質量Mが評価できるのです。

もし、銀河団の中心に質量Mが集中していると、中心から距離rの位置を回転する銀河の速度vは、重力定数をGとして、ニュートンの運動方程式から、$v=\sqrt{GM/r}$で与えられます。この式は、rが大きいほどvが小さいことを示しています。ところが実際の観測では、rが大きくなってもvが減少していなかったのです。ツビッキーは、光を放つ銀河の質量の総和だけでは、観測結果を説明できないことに気づきました。つまり、銀河団の中には、目には見えないが銀河に重力を及ぼす大量の物質があり、それは暗黒物質(ダークマター)と名づけられました。

暗黒物質の存在は、下図の左側のような渦巻銀河(銀河全体が大きな回転速度を持つ)でも確かめられています。もし輝く星だけが重力を及ぼすとすると、銀河中心からの距離が大きくなるにつれて、渦巻銀河の回転速度は小さくなるはずですが、回転速度の観測値は遠方でほぼ一定値に近づいています(下図の右側)。これは、銀河中心の外側の広い領域に渡って、暗黒物質が広がっ

●暗黒物質の存在の観測的な証拠

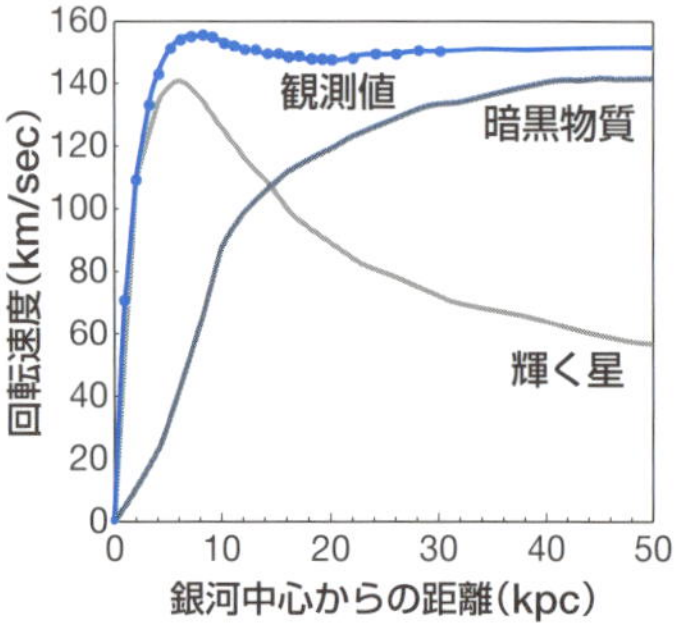

(左)渦巻銀河。銀河中心の周りを光る天体が回転している。
(右)銀河の周りの星の回転速度を銀河中心からの距離の関数としてプロットしたもの。青色の点が観測値で、輝く星からの寄与だけでは観測値を説明できず、暗黒物質の寄与が必要になる。

ていることを示しています。

暗黒物質と宇宙の構造形成

すでに述べたように、ビッグバン元素合成、宇宙背景輻射の温度揺らぎ、宇宙の大規模構造、重力レンズの観測からも、暗黒物質の存在が示唆されています。

暗黒物質は、電磁相互作用のような重力以外の相互作用が非常に弱いのですが、逆にこの性質が構造形成にとっては有利に働きます。輻射物質等量期が終わり、宇宙が暗黒物質とバリオンで占められるようになると、重力的な相互作用しか持たない暗黒物質の方が、宇宙の晴れ上がり期まで光子と散乱を繰り返しているバリオンと比べて、早い時期に重力収縮を開始するからです。もし暗黒物質が全くないとして、バリオンだけで構造形成のシミュレーションをすると、観測されているような大規模構造の分布が説明できないことが知られています。

170ページの図に、ハワイにあるすばる望遠鏡による観測で明らかにされた暗黒物質の分布が示されています。白色の点状の部分が、銀河の個数の多い部分を表しており、暗黒物質の分布は銀河の分布と類似しています。このように、暗黒物質が宇宙の大規模構造の形成の主役であるということがわかります。バリオンも構造形成を起こしますが、暗黒物質の量の20％程度であり、その寄与は相対的に小さいのです。

暗黒物質の分布

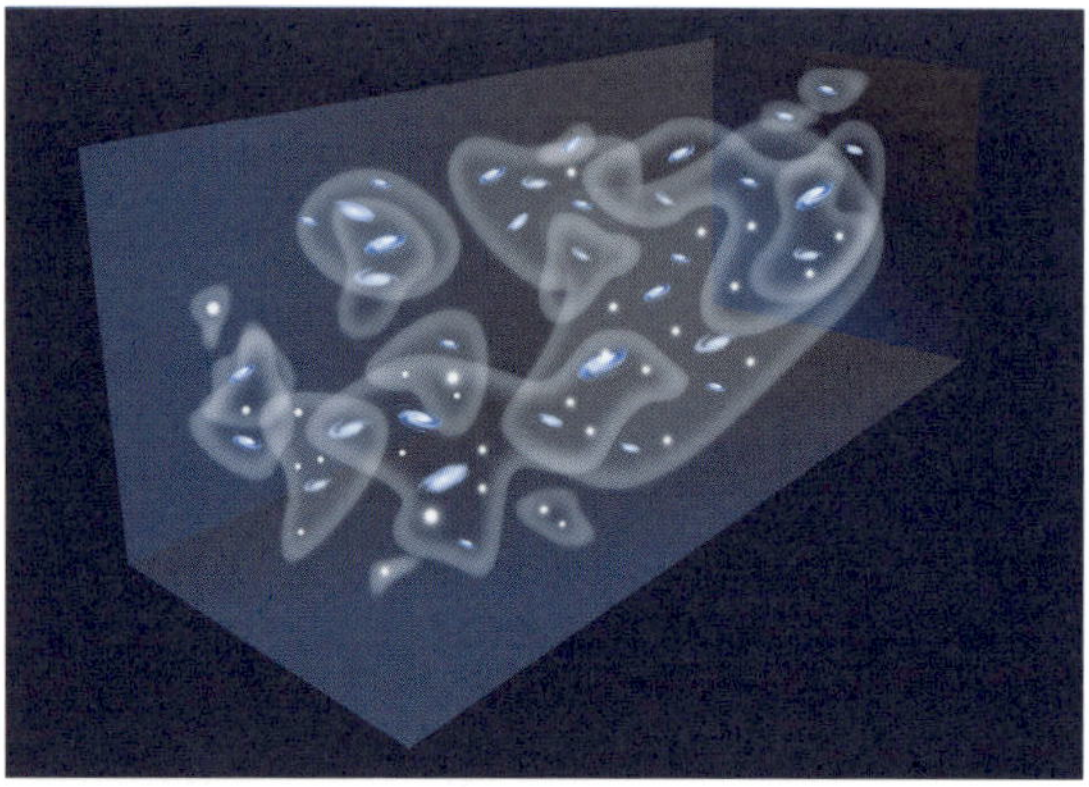

白色の点状の構造の一つひとつが銀河の数が多い部分を表し、暗黒物質の分布とよい一致を見せている。

Section 27

暗黒物質の性質とその起源の候補

暗黒物質の分類

CDMとHDM

すでに触れたように、暗黒物質(DM)には、宇宙の晴れ上がり期までに非相対論的になる冷たい暗黒物質(CDM)と、晴れ上がり期に相対論的である熱い暗黒物質(HDM)の2種類が存在します。

CDMは早い時期に粒子の速度が小さくなり、重力で集まりやすく大規模構造を作る源になります。HDMの場合は、その速い自由運動のために重力的に収縮しにくいのです。CDMとHDMが共存する系で、大規模構造の形成のシミュレーションを行うと、観測との整合性から、HDMの量は全体の数%以下に抑えられることがわかっています。つまり、DMのほとんどはCDMなのです。CDMはその圧力がエネルギー密度と比べて小さく、状態方程式 w はほぼ0です。

CDMの候補を大別すると、(i)電磁波をほとんど出さない星、(ii)微小な素粒子、の2つがあります。(i)は白色矮星やブラックホールのような天体で、まとめてMACHO(マッチョ)と呼ばれていますが、重力レンズ効果(32ページ参照)によるMACHO探しでは少しの量しか見つかっておらず、CDMの主要な候補になりません。最も有力な候補は、(ii)の素粒子起源であり、以下ではその前提で話を進めます。

暗黒物質の性質として、電気的に中性で十分に安定な素粒子であるという点が挙げられます。これは、暗黒物質が電磁気的な相互作用を持たないことと、寿命が長くて安定でないと他の粒子に崩壊することが起こるからです。また、宇宙の大規模構造の形成時にCDMとして振る舞い、その速度が光速よりも十分に小さくなっている必要があり、そのためある程度の質量を持っています。例えばニュートリノは質量が小さく、光速に近い速度で自由運動をし、CDMの候補とはならないのです。

標準理論を超えた理論

素粒子の標準理論の枠組では、CDMの候補は存在しません。そのため、暗黒物質の起源を明らかにすることは、標準理論を超えた物理を探る鍵となるのです。

　そのような拡張された理論の例として、すでに解説した超弦理論があり、これは超対称性という概念に基づいています。超対称性は、ボース粒子とフェルミ粒子の入れ替えに関する対称性であり、下図にあるように、物質を構成するクォーク・レプトンなどのフェルミ粒子のパートナーとして新たなボース粒子を、力を媒介する光子・グルーオンなどのボース粒子のパートナーとして新たなフェルミ粒子を予言します。

超対称性粒子

　このような超対称性に付随して新たに現れる粒子を超対称性粒子と呼び、実験

●超対称性粒子

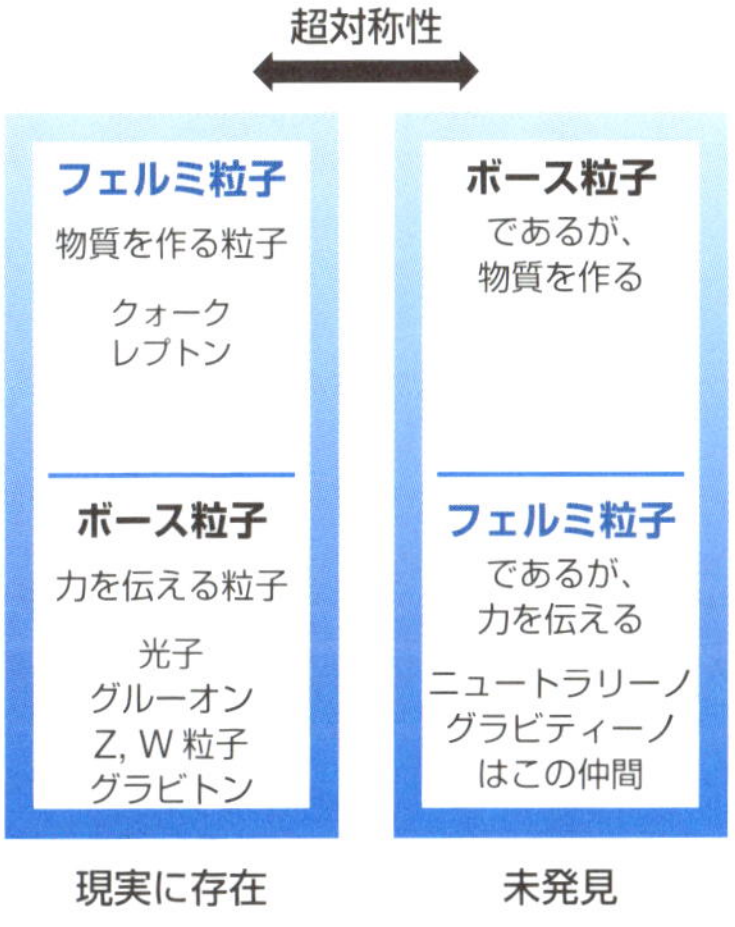

超対称性理論では、現実に存在するフェルミ粒子とボース粒子それぞれに対して、超対称性のペアとなるボース粒子とフェルミ粒子が存在する。

的にはそのいずれも発見されていません。しかし、それらのいくつかはCDMの有力な候補となります。例えば、光子、Z^0粒子、ヒッグス粒子のそれぞれの超対称性パートナーの混合状態であるニュートラリーノは、CDMの候補の一つです。ニュートラリーノは電気的に中性なフェルミ粒子で、質量が30 GeV/c^2、平均速度220 km/s程度であり、物質とはまれにしか衝突しないため、CDMのように振る舞うのです。

それ以外にも、重力子(グラビトン)の超対称性パートナーであるグラビティーノと呼ばれるフェルミ粒子も、CDMの候補になり得ます。グラビティーノは質量mを持ち、もしmが100 GeV/c^2を超えるような重い質量の場合は不安定で崩壊し、ビッグバン元素合成を妨げてしまいます。その一方で、グラビティーノが超対称性粒子の中で最も軽く、mが100 eV/c^2程度である場合には、グラビティーノは安定に存在し、CDMの役割を担うことができるのです。

ニュートラリーノやグラビティーノは超対称性粒子ですが、超対称性理論の枠組でなくてもCDMの候補となるような粒子が存在します。その例として、アクシオンと呼ばれる粒子があります。この粒子はもともと、強い相互作用を記述する量子色力学という理論において、粒子を反粒子に反転させかつ鏡像を作る、CP変換という入れ替えに関する対称性が理論的には破れているはずなのが、実験的には高い精度で対称性が保たれていることから、その矛盾を説明するために導入されました。

アクシオンは電気的に中性なボース粒子であり、その質量が 10^{-5} eV/c^2 から 10^{-2} eV/c^2 程度であれば、CDMの候補になります。アクシオンは物質とはまれにしか反応しませんが、磁場の中で光に変わるという性質を持っています。

このように、暗黒物質には理論的に有力な候補がいくつもあるのですが、その起源は依然として特定されていません。宇宙背景輻射や大規模構造の観測で、暗黒物質の性質に対して制限はつくものの、重力以外の相互作用が基本的に非常に弱いので、前述したいくつかの暗黒物質の選別を宇宙の観測だけから行うのはかなり難しいのです。しかし、暗黒物質の相互作用は非常に小さいとはいえ、物質とまれに衝突することが起こり得るので、その可能性を求めて地上および太陽系での検出実験が精力的に進行中です。

Section 28

暗黒物質の検出可能性

さまざまな方法での暗黒物質の探査

暗黒物質の検出実験

暗黒物質の検出実験は、(a)直接検出、(b)間接検出、(c)加速器での検出、の3つに大別できます。(a)は地下に作られた検出器で、暗黒物質(DM)と素粒子の標準模型の粒子(SM)の間の相互作用を探査します。(b)は、太陽の中や我々の銀河の中心でのDMの消滅や崩壊から生じるSMを調べます。(c)では、素粒子の加速器を用いてSM同士を衝突させ、DMの直接的な生成を行おうとするものです(177ページの図)。

ニュートラリーノの検出実験

(a)の直接検出の例を見てみましょう。東京大学のグループは、神岡鉱山の地下に実験室を作り、宇宙から飛来するニュートラリーノを検出しようとしています。ミュー粒子などの宇宙線はDMよりも相互作用が大きく、地下深くまで潜ればDM以外の寄与が小さくなるためです。

ニュートラリーノは、原子核との散乱をまれに起こすことが期待され、どのように原子核が跳ね飛ばされるかを観測すれば、ニュートラリーノの検出が可能なはずです。具体的には、178ページの図にあるようなフッ化リチウムの結晶を用いて実験が行われていますが、ニュートラリーノは未発見です。

アクシオンの検出実験

DMの別の候補であるアクシオンを検出しようとする実験も活発に行われています。アクシオンは磁場と相互作用し光子を生じ、また光子

●暗黒物質(DM)の3種類の検出方法

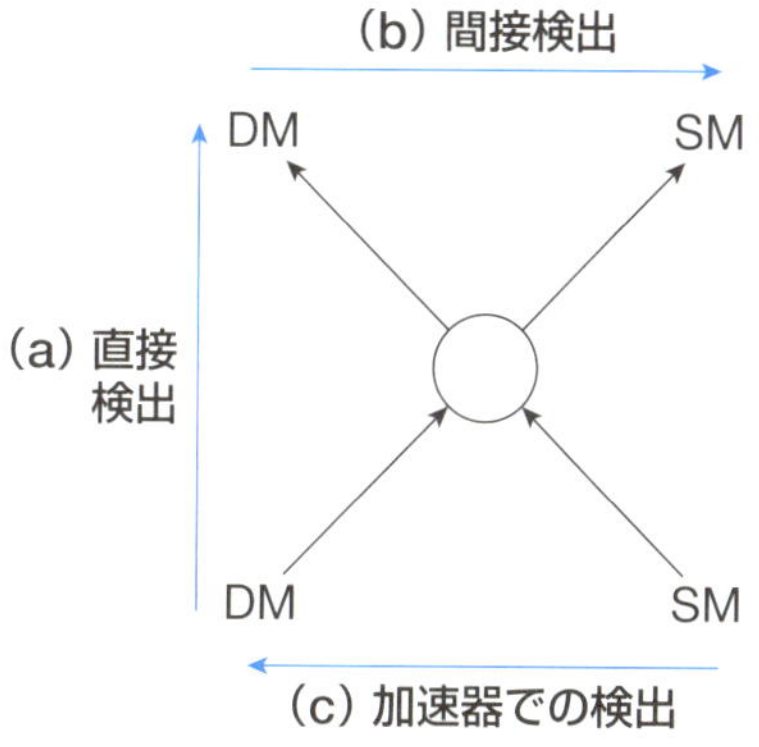

DMの検出実験には、(a)直接検出、(b)間接検出、(c)加速器での検出の3種類がある。

と磁場が相互作用することでアクシオンが生じます。179ページの図のように、強い磁場中にレーザー光線を照射し、光を通さない壁の左側でアクシオンが発生すると、アクシオンだけが壁を通過し（アクシオンと壁との相互作用が小さいため）、壁の右側の磁場中で再び光子に変わるという現象が起こり得ます。壁の右側で光子の量を測定することによって、光子とアクシオンの間の結合の強さの情報を得ることができます。現在の実験では、アクシオンがDMの場合に理論的に予言される結合の強さに到達していませんが、将来的に実験の精度が上がれば、結合の強さにより強い制限がつく可能性があり

ニュートラリーノの直接検出

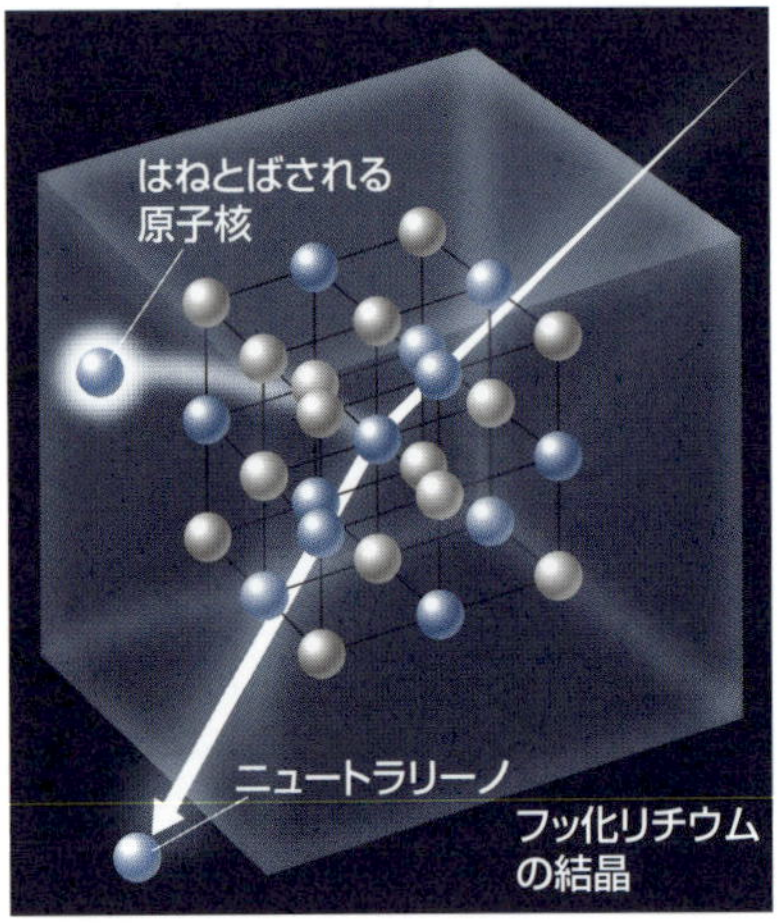

フッ化リチウムの原子核が、ニュートラリーノによって跳ね飛ばされることを観測することで、DMの検出を目指している。

ます。

それ以外にも、太陽の中で鉄(^{57}Fe)のエネルギー状態が光子で励起された場合に、エネルギーが低い状態に戻る際にアクシオンが生じることが理論的に予言されます。地上の実験室で^{57}Feを用意しておけば、太陽から飛来するアクシオンが^{57}Feをいったん励起し、その後の脱励起の際に光子が生じるので、それによってアクシオンの検出が可能です。東京アクシオンヘリオスコープなどの実験装置によって、そのような太陽アクシオンを検出する実験が進められており、アクシオンと光子の結合定数の強さの制限はより厳しくなってきています。

このようなさまざまなDMの検出実験を通して、将来的にDMの徴候がとらえられることが

●レーザー光線を用いたアクシオンの検出法の例

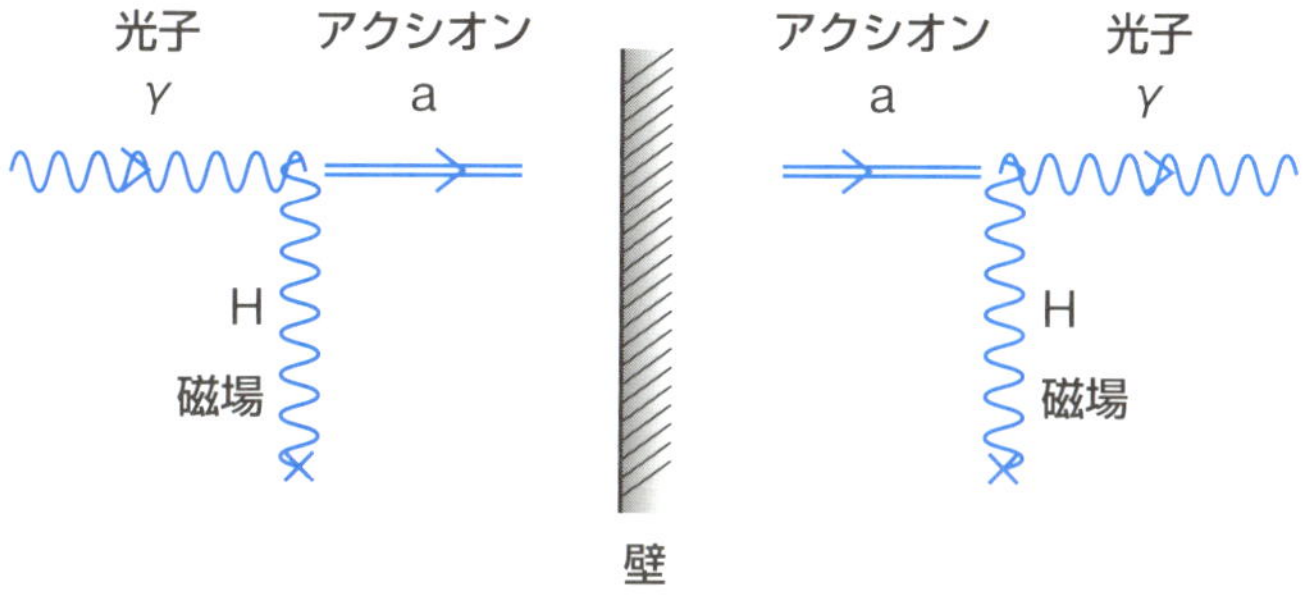

最後にどれだけの光子が生成されたかを測定することで、アクシオンの生成確率が見積もれる。

期待されています。もしある種のＤＭの検出に特化した実験で、ＤＭが結局見つからなかったとしても、それは決して否定的な結果ではなく、いくつかのＤＭの候補のうち他のものが起源であることを示唆しており、有力な候補を絞り込むことが可能になるわけです。超弦理論をはじめとする超対称性理論も今後の進展が期待されます。最終的に、超対称性理論が予言するＤＭが発見された際には、それはヒッグス粒子の発見と同程度もしくはそれ以上のインパクトを持つことになり、統一理論の完成への大きな足がかりとなるでしょう。

なお、暗黒エネルギーに関しては、重力と逆の斥力である上に、その影響が現れるのは宇宙膨張が関係するような大スケールなので、地上実験での検出は困難を極めます。しかし、暗黒物質との相互作用を持っている可能性もあり、暗黒物質の検出によって、暗黒エネルギーとの何らかの関連性を引き出せるかもしれません。

Chapter. 6
宇宙の未来は どうなるの?

Section
29 宇宙の時間的な進化

一般相対論に基づく宇宙進化

宇宙の未来を決める理論と観測

Ｃｈａｐｔｅｒ６では、現存の物理学で、宇宙の未来がどのようになると考えられているかについて解説します。まず、一般相対論に基づくと、宇宙に存在する物質によって宇宙の進化がどのように異なってくるかを議論します。次に、一般相対論を拡張した修正重力理論に基づく宇宙の加速膨張について話を進めていきます。

現状では、宇宙の加速膨張が、一般相対論の枠組での特殊な物質(例えばスカラー場)で引き起こされているか、重力理論の修正で起こっているか明らかにされていませんが、過去の暗黒エネルギーの状態方程式の変化を観測から精査することにより、その起源に近づけることが期待されます。将来の精度のよい観測から、暗黒エネルギーの理論模型を特定することによって、どのように未来を確実に予言することが可能になるかについて解説していきます。そして、超弦理論やその他の理論が描く未来の可能性についても触れます。

物質の分類

宇宙の今後の進化は、いわば非常に大きなスケールでの変化であり、そのような場合には、微視的な現象を扱う量子力学よりも、巨視的な現象を扱う一般相対論の方が、重要な役割を果たします。一般相対論のアインシュタイン方程式は、時空と物質を結びつける方程式であり、宇宙の進化(空間の時間進化)は、宇宙に存在する物質によって決まります。

すでに述べたように、インフレーション後の宇宙に存在する物質は、その状態方程式 $w = P/(\rho c^2)$ によって大別できます(Pは圧力、ρは密度)。それらは、(i)暗黒エネルギー(wが-1付近)、(ii)冷たい暗黒物質(CDM)とバリオン($w \approx 0$)、(iii)輻射($w = 1/3$)、の3種類に分けられます。(i)、(ii)、(iii)のそれぞれの密度を、ρ_{DE}、ρ_m、ρ_rとすると、宇宙全体の物質の密度は $\rho_T = \rho_{DE} + \rho_m + \rho_r$ で与えられます。一般相対論では、このρ_Tが宇宙の膨張率Hと直接関係しており、曲率Kが無視できる平坦な宇宙では、Gを重力定数として、下記の式(5)のような関係があります。

個々の物質の密度の変化

どの物質が宇宙を支配するかによって、宇宙の膨張率Hの進化は異なってきます。輻射優勢期では、宇宙の密度を輻射が支配しているので、ρ_rはρ_{DE}とρ_mよりもずっと大きく、$\rho_T \approx \rho_r$となっています。同様に、物質優勢期では$\rho_T \approx \rho_m$、暗黒エネルギー支配期では$\rho_T \approx \rho_{DE}$となっています。それぞれの物質の密度ρの時間発展は状態方程式wによって決まり、wが一定のとき、$\rho \propto a^{-3(1+w)}$と変化します。例えば、圧力Pが無視できるCDMとバリオン($w \approx 0$)では、半径aの球の体積$V = 4\pi a^3/3$の質量$M = \rho V$が変わらないため、$\rho \propto a^{-3}$のように変化します。輻射($w = 1/3$)の場合には、その正の圧力によって輻射が仕事をする分のエネルギーの損失があり、$\rho \propto a^{-4}$のようにより速く密度が減少します。暗黒エネルギー(wが-1付近)の場合には、その負の圧力によって暗黒エネルギーが実質的に仕事をされ、そのためρの変化はゆっくりとしています。暗黒エネルギーはインフレーションを起こすスカラー場と同様な性質を持ち、

(5) $$H^2 = 8\pi G\rho_T/3$$

宇宙が膨張しても絶えずエネルギーが補給されるような特殊な状況に相当し、グースによれば〝究極の無料ランチ〟なのです。

一般相対論に基づくスケール因子の変化

式(5)の左辺にある宇宙の膨張率Hは、微小時間Δtの間のaの変化をΔaとして、$H = (\Delta a/\Delta t)/a$と表せます。より正確には、$\Delta t$を0に近づける極限を取ることで、$\Delta a/\Delta t$は$a$の$t$による時間微分$da/dt$となります。状態方程式$w$の物質が宇宙を支配するとき、$\rho_T = \rho_i a^{-3(1+w)}$(ここで、$\rho_i$は定数)ですから、これを式(5)の右辺に代入すると、右辺はaの関数です。すると、式(5)で時間に関する積分という操作を行うことによって、aの時間変化がわかります。十分に時間が経過したときの具体的な解は、$w > -1$のとき、下記の式(6)のようになります。積分操作によって、初期のaの値に相当する積分定数が現れますが、tが十分に大きくなると無視できるので、式(6)ではその定数を落としています。

式(6)に$w = 1/3$と$w = 0$を代入することにより、輻射優勢期と物質優勢期のスケール因子の変化はそれぞれ、$a \propto t^{1/2}$と$a \propto t^{2/3}$と求められます。すでに

$$a \propto t^{2/[3(1+w)]} \tag{6}$$

述べたように、宇宙項は$w=-1$でHが一定であり、その場合は$H=$一定の式を積分して、解$a \propto e^{Ht}$を得ます。このように一般相対論に基づくと、一定の状態方程式wの物質が支配する宇宙のスケール因子の時間変化は確定的に求まり、十分に時間が経過したときの宇宙の進化の様子がわかるのです。

空間の曲率

式⑸は、重力が弱い場合に、ニュートン力学を特殊な場合として含んでいます。実際に、CDMとバリオンのような非相対論的物質で満たされた宇宙で、半径aの球面上を中心から遠ざかる方向に運動する質量mの質点に働く重力を考え、ニュートンの運動方程式を書き、その式を時間tで積分すると、式⑸に相当する式を得ることができます。そのような操作を行うと、積分定数に相当する定数Kが現れます。

より正確には、式⑸の左辺のH^2にK/a^2という形の項が加わるのです。このKという定数は、実は空間の曲がり具合を表す空間曲率に対応していて、一般相対論でももちろん同じ項が存在します。

式⑸ではK/a^2を落としていましたが、これは宇宙の平坦性を仮定していたためであり、一般的にはその項は存在します。Kは宇宙の初期条件から決まる積分定数のような量であり、インフレーションが起こる前の宇宙の初期条件は不明なので、Kの値は厳密には決まりません。しかし、いったんインフレーションが起こり始めると、aが急速に増加し、それに対してHはほぼ一定なので、K/a^2の項がH^2の項に比べて急速に減少して0に近づきます。つまり、空間曲率による項K/a^2が、インフレーションにより無視できるようになり、宇宙が急速に平坦に近づくのです。

インフレーション後の減速膨張期の宇宙進化は、$a \propto t^p$、$H = p/t$（ただし、$0 < p < 1$）と記述されます。すると加速膨張期とは逆に、H^2の項の方がK/a^2の項よりも、相対的に速く減少します。しかし、インフレーション期にK/a^2がほぼ0近くに減少すれば、物質優勢期の終わりに$K/a^2 << H^2$であることが可能となります。その後の2度目の加速膨張期に、K/a^2がH^2に対して再び相対的に減少を始めますから、インフレーション後のすべての時期において、K/a^2を落とした式⑸が使えるのです。

つまりインフレーションが起これば、空間曲率Kの初期条件を知らなくても、その後の宇宙進化を議論できるのです。実際に宇宙背景輻射の観測から、現在の空間曲率の割合$\Omega_K = K/(a^2H^2)$の大きさは、0.01以下と小さく制限されています。

インフレーション直後の宇宙の初期条件

前述したような一般相対論に基づく宇宙進化は、ニュートン力学を輻射のような圧力を持つ物質($w \neq 0$)でも使えるように拡張して得られるものであり、確定論的な自然観です。非相対論的物質に対して、ニュートン力学の運動方程式から式⑸を導出できることに触れましたが、一般相対論のアインシュタイン方程式は、輻射や暗黒エネルギーのような圧力を持つ物質が存在する場合にも適用され、式⑸および各物質の密度ρが従う式(連続方程式)が自然に導出されます。

なおニュートン力学では、ある物体の運動を決定するのに、その物体の位置と速度の初期条件が必要でした。式⑸にも、位置に相当するスケール因子aによる項K/a^2が本来は現れますが、インフレーション期の存在により、この項を無視できたわけです。結果として、速度と関連する膨張率Hと宇宙の物質の全密度ρ_Tが直接結びつくことになります。

インフレーションで宇宙が急激に大きくなると、初期に存在していた量子揺らぎによる不確定性が、一様等方宇宙の時間発展を議論する際に問題にならなくなります。そのような揺らぎは、いわば式⑸で記述されるような背景宇宙からのずれとして扱うことができるのです。いってみれば、式⑸の ρ_T は時間 t にしか依存しない全空間での平均の値であり、それが一様等方宇宙での時間発展（a の変化）を決めています。

現在の宇宙は、密度がゆっくり変化する暗黒エネルギーで約70％が占められており、もしその起源が宇宙項ならば、密度が不変なので最終的に宇宙のエネルギーの100％を支配し、永久的に加速膨張をします。このとき、暗黒物質、バリオン、光子の割合は相対的に減っていきます。ただし、暗黒エネルギーの起源がわかっていないので、他の未来の可能性もあり、190ページ以降では、そのような可能性について議論します。

Section 30

重力理論の修正

一般相対論の拡張理論と宇宙の加速膨張

修正重力理論

これまでの議論は、一般相対論に基づくものでしたが、一般相対論を拡張することで暗黒エネルギーの起源を説明しようとする模型もあります。つまり、宇宙の膨張が重要となる大スケール(現在のハッブル半径 10^{26} m 程度)で一般相対論に修正を加えることで、加速膨張を引き起こそうとするものです。161〜165ページで述べたクインテッセンスのようなスカラー場の模型では、物質として特殊なものを考えることにより加速膨張を起こしますが、一般相対論を拡張したいわゆる修正重力理論では、時空の歪みに相当する曲率項に修正を加えることで、加速膨張を起こすのです。

ただし、太陽系のような宇宙の局所領域においては、さまざまな重力実験から、重力法則が一般相対論で予言されるものと基本的に整合的であり、一般相対論からのずれが小さいことが知られています。つまり、大きなスケールにおいて宇宙の加速膨張を説明するために重力理論を修正しても、太陽系（10^{13} m以下）のようなより小さなスケールでは、一般相対論からのずれが小さくなるように理論を構築する必要があるのです（下図）。

DGPブレーンワールド

重力理論を一般相対論から変更したとき、宇宙進化を記述する式は、184ページの式(5)の左辺に補正が加わったものになります。例えば、超弦理論に動機づけられたDGPブレーンワールドという模型で、宇宙の後期加速膨張を起こすことが可能です。

ブレーンワールドについては、すでに138ペー

●一般相対論を修正した理論が満たすべき要請

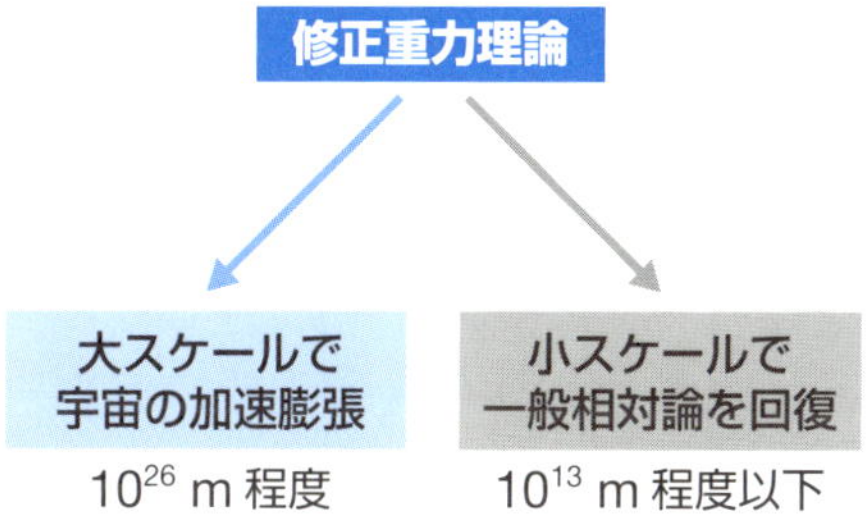

修正重力理論では、大スケールで宇宙の加速膨張を起こしつつ、小スケールで一般相対論を回復する必要がある。

ジで触れましたが、DGP模型は、バルクという平坦な5次元時空（空間4次元と時間1次元）に、空間3次元のブレーン（膜）が存在し、ブレーンと交わる方向に、小さく丸め込まれていない余剰次元（1次元）が広がっているというシナリオです。自然界の4つの力のうち、重力以外はブレーン上でのみ伝播しますが、重力だけが余剰次元の方向にも伝搬します。

DGPブレーンワールド模型では、重力が余剰次元に漏れることによって重力法則が変わり、具体的には式(5)の左辺に $-\alpha H$（αは正の定数）という形の項が加わります。このような場合、物質の密度ρが0でも、$H^2-\alpha H=0$ すなわち $H=\alpha$ となる解が存在します。これは宇宙項のときと同じように、スケール因子が $a\propto e^{\alpha t}$ と増加する加速膨張解です。宇宙初期には、$-\alpha H$ の項がH^2と比べて無視でき、式(5)が成り立つので通常の輻射優勢期と物質優勢期が存在し、最終的に加速膨張解に近づきます。しかも、宇宙の局所領域において、一般相対論に近い特徴を回復できることが知られています。

DGP模型は、余剰次元の存在によって宇宙の加速膨張を実現する興味深いシナリオなのですが、Ia型超新星、宇宙背景輻射、バリオン音響振動の観測データと整合的でないことがわかっています。それに加えて、ゴーストと呼ばれる負のエネルギー状態が現れ、真空が不安定になるという問題を抱えています。一般相対論から重力理論を変更すると、このようにゴーストや不安定性が現れ得るので、そのような状態が現れないように理論を構築する必要があります。現在までに、修正重力理論に基づくさまざまな模型の構築が精力的に行われています。

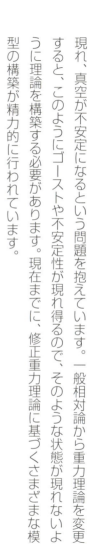

修正重力理論における状態方程式の変化

修正重力理論に基づく、さまざまな暗黒エネルギー模型の詳細には立ち入りませんが、それらの例を挙げておくと、時空の曲率Rについて一般相対論に修正を加える$f(R)$重力理論、スカラー場が曲率Rと結合しているスカラー・テンソル理論、DGP模型の拡張でゴーストの回避が可能なガリレオン理論、重力を伝搬する重力子が質量を持つ理論などです。このうち、重力子が質量を持つ理論は、ゴーストなどの問題で、等方的な宇宙論的な解の構築が難しいことがわかっています。

このようなさまざまな重力理論は、それらが予言する暗黒エネルギーの状態方程式wの時間変化を調べることによって、観測から制限をつけることができます。一般に修正重力理論は$w<-1$の予言をし、その点がクインテッセンスのような特殊な物質を考

える模型と異なっています。観測的に$w<-1$の場合は許容範囲にあり、Ｐｌａｎｃｋ衛星による観測データなどを用いた解析では、$w>-1$よりもむしろ$w<-1$の領域が好まれる傾向にあります。

将来の精度のよい観測で、$w<-1$の場合が、$w\geqq-1$の模型よりも好まれることが決定的になれば、暗黒エネルギーの起源の解明に重要な示唆を与えます。それはつまり、修正重力理論に基づく模型が、宇宙項($w=-1$)やクインテッセンス($w>-1$)より好まれるということを意味しているからです。逆に、$w<-1$の兆候が観測的に見られなければ、修正重力理論による模型が加速膨張の起源である可能性は小さくなります。

修正重力理論での宇宙の大規模構造の形成

重力理論を修正すると、大スケールでの重力法則が変更されることから、重力収縮によって起こる宇宙の大規模構造の形成が、一般相対論による予言と変わります。ＤＧＰ模型を除く多くの修正重力理論では、銀河などの形成に関係する重力の強さが一般相対論の場合より大きくなり、それによって、物質揺らぎの成長率や、銀河の分布が変わります。つまり、宇宙の大規模構造の観測によって、修正重力理論に基づく模型と、宇宙項やクインテッセンスのような一般相対論に基づく模型の間の区別をすることが可能です。

２０１４年現在の大規模構造の観測データでは、それらの模型を明確に区別する精度がまだ不足しています。一般相対論に基づく模型は観測と整合的であり、物質揺らぎの成長率が大きすぎる模型（例：ガリレオン模型）はデータと合いにくくなる傾向があります。近い将来、状態方程式 w の強い制限と合わせて、精度のよい大規模構造のデータが得られれば、修正重力理論の兆候を探り当てることができるか、もしくは模型を棄却できるかが期待されています。

Section 31

暗黒エネルギーの現在までの進化と未来

過去から予測される未来

状態方程式のパラメータ化

暗黒エネルギーの起源がわかっていないことから、その理論的な模型を決めずに、逆にその状態方程式 w の関数の形を与えることによって、観測から暗黒エネルギーの性質に制限をつける研究も行われています。

そのような関数形の一つの例として、状態方程式をスケール因子 a の関数で $w(a) = w_0 + w_1(1 - a/a_0)$ と仮定するものがあります。ここで w_0 と w_1 は定数であり、a_0 は現在の a の値です。現在の w の値は w_0 ですが、過去にさかのぼると a の値は0に近づき、w は $w_0 + w_1$ に近づきます。過去から現在までの w の時間変化を、a の関数として表すことができるわけです。このようなパラメータ化によって、宇宙の膨張率 H も、定数 w_0 と w_1 を含んだスケール因子の関数として表せます。これによって、天体までの距離をaの関数として表すことができ、Ia型超新星などの観測から、定数w_0とw_1に制限をつけることが可能になるのです。つまり、状態方程式が過去から現在までどのように変化してきたのかについての、情報を得ることができるのです。

観測からの状態方程式への制限

下図に、Ia型超新星、宇宙背景輻射、バリオン音響振動のデータから制限される、wの変化を示します。横軸は赤方偏移$z = a_0/a - 1$で、現在が$z = 0$であり、過去にはzが大きくなります。水色の部分が観測の許容範囲で、灰色が最も確からしいwの進化を表します。宇宙項($w = -1$)は許容されていますが、必ずしも最適の模型とはいえず、過去に$w > -1$で、途中から$w < -1$

●観測からの暗黒エネルギーの状態方程式の進化に関する制限

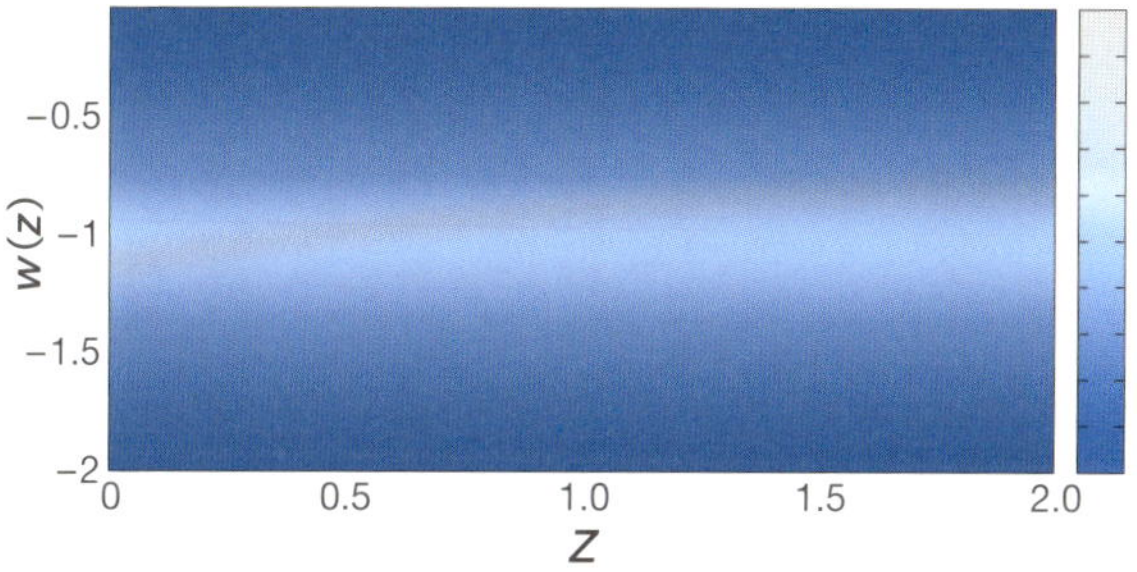

パラメータ化$w(a) = w_0 + w_1(1 - a/a_0)$を用いている。横軸は赤方偏移$z = a_0/a - 1$を表す。灰色の部分が最も確からしい$w$の進化で、水色の部分も許容範囲に入っている。

に入る模型がむしろ好まれています。
$w < -1$ は、宇宙項やクインテッセンスでは実現できませんが、修正重力理論に基づく模型ならば実現は可能です。193ページで触れた、$f(R)$ 重力理論、スカラー・テンソル理論などでは、$w < -1$ の領域への進化が可能です。ただし現状では、宇宙項と $w > -1$ のクインテッセンスのような模型も棄却されていません。

197ページの図は、wの観測から制限される現在までの時間変化を示しています。もしこの図にあるように、将来もwの値が $-1.4 < w < -0.7$ 程度の領域にとどまるのであれば、宇宙は加速膨張を続けます。しかし途中からwが増加を始め、$w > -1/3$ の領域に入って加速膨張が終了する可能性も否定できません。そもそも、パラメータ化 $w(a) = w_0 + w_1(1 - a/a_0)$ による状態方程式は、aが無限大の極限で発散するので、十分に未来の領域ではその有効性を失います。

このようにw_0とw_1の2つの変数だけで、wの変化を完全に記述できる保証はなく、3つ以上の変数を用いたパラメータ化も考案されています。その場合、先に述べたaが大きくなる領域でのwの発散の問題を回避できます。そのように変数の数が増えると、一般的に観測からの許容範囲は、2つの変数のときよりも広がる傾向にあります。

しかし、そのような3つ以上の変数を用いた解析でも、基本的なwの振る舞いは、197ページの図で示されたものと大きくは変わりません。宇宙項は観測の許容範囲にあり、$w=-1$から±0.3離れた領域も棄却されていません。将来の観測で、wの許容範囲が厳しく制限されることが、今後の宇宙進化を予測する上でも重要になってきます。

状態方程式から制限される暗黒エネルギーの模型

前述のwのパラメータ化は、暗黒エネルギーの模型を決めていませんが、具体的な模型が与えられれば、wをスケール因子aの関数として表すことが可能です。その場合、wの時間変化を未来も含めて予測できます。観測から制限される過去のwの変化を忠実に再現する模型が存在すれば、それによって未来の進化も予言できるのです。

現在までの観測では、wの制限領域は狭まってきてはいるものの、依然として$w=-1$前後のかなり広い範囲が許容されており、どの理論模型が最も好ましいかの選別が完全にできていません。未来の宇宙の進化を確実に予言できるようになるには、観測と理論の双方の進展が必要になります。現状では、宇宙が将来も加速膨張を続けていく可能性が高いが、宇宙がどこかで減速膨張に入る可能性も否定はできない状況です。

Section 32

暗黒エネルギーの起源の特定によって変わる宇宙の未来

未来のより確実な予測

宇宙項の場合

過去の状態方程式の変化などを再現する暗黒エネルギーの理論模型が特定されることによって、宇宙の未来をより確実に予言することが可能です。以下では、暗黒エネルギーの起源の特定によって、未来はどのようなものになるかについて説明します。

まず宇宙項のときは、状態方程式 w が常に -1 で一定であるため、暗黒エネルギーの密度 ρ_{DE} が一定です。現在の宇宙には、CDMが約25％、バリオンが約5％存在しますが、これらの密度 ρ_m はスケール因子 a の3乗に反比例して減少します。つまり、ρ_m は徐々に ρ_{DE} と比べて無視できるようになり、最終的には宇宙項が宇宙のエネルギーの100％を支配します。宇宙項の持つ負の圧力は重力に打ち勝ち、スケール因子は $a \propto e^{Ht}$ のように指数関数的に増加します。このような斥力の効果は、大スケールから小スケールへと次第に現れてきます。まず、銀河や銀河団のような構造が徐々に互いに離れていき、その影響はいずれ太陽や地球にも及ぶようになり、最終的に構造が見られない、すかすかで真っ暗な宇宙になります。そのような暗黒エネルギーの寄与が顕著になってくるは、太陽の寿命よりも長い、今後100億年以上も後になります。

クインテッセンスの場合

もし暗黒エネルギーの起源が、スカラー場に基づくクインテッセンスである場合、wの時間変化はスカラー場のポテンシャルによって異なります。すでに述べたように、クインテッセンスの模型は、(A) wが初期に-1より大きいが、最終的に-1に向けて減少していく模型、(B) wが初期に-1に近く、途中で-1から増加していく模型、の2つに大別されます。

(A)の場合の典型例は、逆べキ型のポテンシャル$V=c\phi^{-n}$(cとnは正の定数)です。宇宙進化の初期にはポテンシャルの勾配が急であり、スカラー場が速く変化し、その状態方程式wは-1よりもかなり大きくなります。しかし、ポテンシャルの勾配は徐々に緩やかになり、最終的に場の速度が小さくなると、wは-1に近づきます。つまり、初期の宇宙進化は宇宙項とは異なりますが、最終的にスケール因子は指数関数的に増加し、宇宙項のときと似た未来になります。

(B)の場合、例えばスカラー場のポテンシャルVが76ページの図のインフレーションの場合で示されているような極小値を$V=0$に持つと、場が極小値に近づくにつれてwは増加し、最終的に$-1/3$よりも大きい値に近づきます。この場合、宇宙は現在の加速膨張期から、未来のどこかで減速膨張期に入ります。

ポテンシャルの極小値の周りでスカラー場が振動するとき、一般に場の密度ρ_{DE}はスケール因子aの3乗に反比例して減少します。これは非相対論的物質の密度ρ_mと同じ変化です。つまり、スカラー場、暗黒物質、バリオンが共存する系になり、宇宙

●宇宙の未来の分類

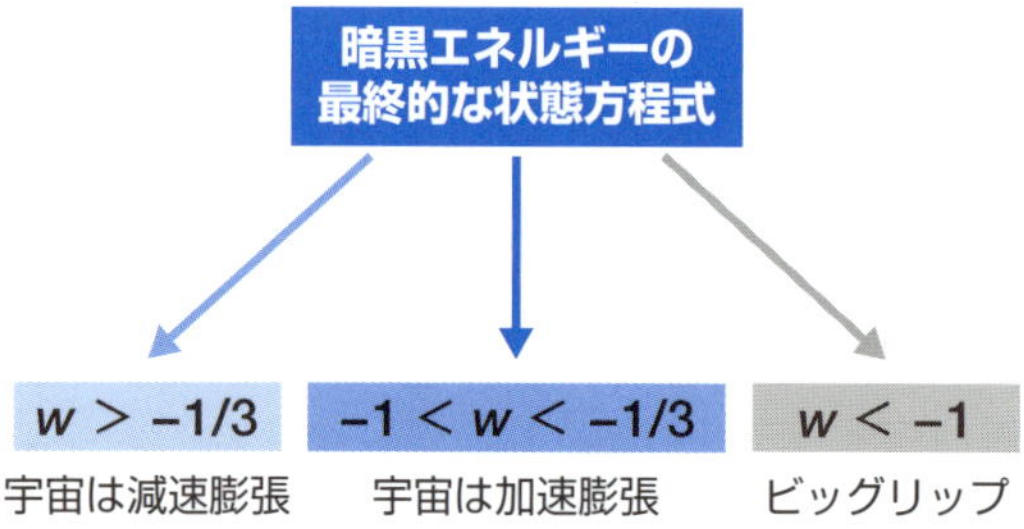

暗黒エネルギーの状態方程式wが最終的にどのような値に近づくかによって、宇宙の未来は異なる。

の密度が$\rho \propto a^{-3}$と変化する減速膨張期に入るのです。この場合はⒶのときと異なり、宇宙の加速膨張期が未来のある時期に終わりを迎えるので、大規模構造は消滅しないと考えられます(202ページの図を参照)。

修正重力理論の場合

もし現在の宇宙の加速膨張が、修正重力理論によるものである場合、$f(R)$重力理論やガリレオン模型のように、過去に$w<-1$である状態方程式が実現されます。wの未来の変化は模型によって異なりますが、DGP模型や$f(R)$重力理論などに基づく多くの模型で、宇宙項と似た安定な収束解(アトラクターと呼びます)を持ちます。この収束解は、いわば理論を一般相対論から修正した帰結として、重力的な効果として現れるものです。状態方程式は、現在は-1より小さくても、最終的に-1に近づいていきます。この場合も、宇宙の最終的な進化は宇宙項やクインテッセンスの模型Ⓐと同じようになり、大規模構造が見られない寂しいものになります。

ファントム場

最終的な状態方程式の値が$w<-1$のとき宇宙は加速膨張しますが、その変化の仕方は、$-1<w<-1/3$の場合と異なります。一般相対論の枠組で、wが一定で-1より小さい物質が宇宙を支配する場合を考えてみましょう。この物質の密度は$\rho \propto a^{-3(1+w)}$と変化し、aの増加とともにρも増えるのです。

つまり、宇宙が膨張しているのにもかかわらず、その中にある物質の密度ρが増えるという特殊な状況になっており、そのような物質をファントム（幽霊）と呼びます。負の圧力による斥力が極めて強く重力に完全に打ち勝ち、いわば幽霊のように振る舞うのです。$\rho=\rho_i a^{-3(1+w)}$（ρ_iは定数）を、宇宙膨張を記述する式$H^2=8\pi G\rho/3$に代入して時間で積分することにより、185ページの式⑥の解が得られます。しかしファントムは$w<-1$なので、式⑥は宇宙が収縮する解になっています。積分の際に現れる定数t_sをきちんと考慮し、宇宙が膨張する解を求めると、$a \propto (t_s-t)^{2/[3(1+w)]}$が得られます。

ビッグリップ

前述の膨張解からわかるように、ファントムが支配する宇宙では、ある有限時間 t_s でスケール因子 a が発散します。それとともに宇宙の曲率も発散し、ビッグバン特異点のような発散が将来のある時刻で起こります。このように、未来のある有限時刻で起こる宇宙を引き裂くような特異点をビッグリップといいます。例えば $w=-1.2$ のとき、現在からビッグリップが起こるまでの時間は、450億年程度と評価できます。なお、$-1 \leqq w < -1/3$ の暗黒エネルギー模型では、宇宙の構造が最終的にほとんどなくなったとしても、このような有限時間での曲率の発散は起こらず、その点がファントム模型との違いです。

197ページの図に見られるように、$w<-1$ の領域の状態方程式は観測の許容範囲にあり、その意味で、ビッグリップが将来起こる可能性もあります。しかし、一般相対論の枠組みでのファントム模型は、理論的にさまざまな問題を引き起こすことが知られています。

例えば、クインテッセンスの運動エネルギーの符号を負にすると、$w<-1$ が実現し

ますが、その場合、スカラー場がポテンシャルを下るのではなく登るという奇妙な振る舞いをします。そのような場が存在すると、真空が不安定になるため、通常はファントム場が出てこないように、超弦理論などは構築されています。

前述の議論は一般相対論での話ですが、修正重力理論による模型では、ファントムが出てくるのを回避した上で、$w < -1$ を実現することが可能です。例えば $f(R)$ 重力理論やガリレオン理論では、ファントム場が現れずに、$w < -1$ の領域で宇宙の後期加速膨張を起こす有効な模型のパラメータ領域が存在します。そのような場合は、ビッグリップを回避できます。

将来の観測で $w \geqq -1$ の領域が棄却され、有効な領域が $w < -1$ の範囲に制限されるという動かぬ証拠が得られれば、それはファントム場というよりもむしろ修正重力理論の兆候と考えられ、加速膨張の起源に極めて重要な示唆を与えるのです。

Section 33

超弦理論その他が描く可能性

未来のさまざまな可能性

超弦理論に基づく暗黒エネルギー模型

超弦理論に基づいて、インフレーション模型の構築だけでなく、暗黒エネルギーの起源に関しても、多くの議論がなされています。そこでの焦点は主に、超弦理論で現れる真空のエネルギー(密度ρが一定で、状態方程式は$w=-1$)を、どのようにしたら暗黒エネルギーのスケールに合うように小さくできるのかという点です。

超弦理論の最も単純な形では、加速膨張の起源となり得る、正のポテンシャルを持つスカラー場が存在しません。しかしすでに139ページで述べたように、弦に加えてDブレーンのような拡張された存在があれば、加速膨張が可能です。2003年にシュミット・カチュルーらは、カラビ-ヤウ多様体と呼ばれる対称性の高い空間上で、余剰次元が安定に小さくコンパクト化され、かつ正の真空のエネルギーを持つ解を構築しました。これは、多様体上のワープした幾何構造の中に、Dブレーンを導入することで得られたものであり、インフレーション模型の構築で議論した141ページの図と似た状況になっています。

問題になるのは、この真空のエネルギーの大きさですが、それはどのように余剰次元をコンパクト化するかによって変わってきます。超弦理論では、一般に10^{500}個もの真空が現れる可能性があることが指摘されました。このような無数に近い真空があれば、さまざまなエネルギーを持った真空も存在するはずで、そのような構造は、ストリングランドスケープ（超弦の眺望）と名づけられました。これは下図のように、無数の山と谷が交互に現れ、それぞれの谷が異なる真空であるような眺望に例えられます。

●ストリングランドスケープ

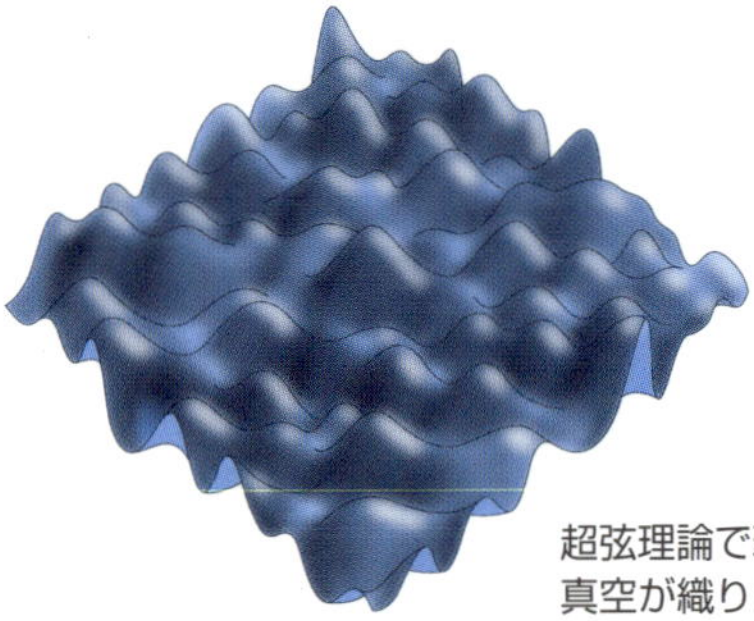

超弦理論で現れる無数の真空が織りなす眺望

さまざまな可能性

このように宇宙は多重発生する可能性があり、それぞれの宇宙で真空のエネルギーの大きさが違うと考えられます。10^{500}個もの真空の中で、我々がたまたま真空のエネルギーの非常に小さな宇宙に住んでいると考えれば、なぜ暗黒エネルギーが小さいのかを確率論的に説明できます。これはいわば、この宇宙に人類が存在するために、物理定数などが微調整されている必要があったと主張する、人間原理と関係しています。物理定数が現在の値から少しでもずれると、人類が存在しなかったのは事実であり、小さな真空のエネルギーを人間原理と結びつけるのは、あながち無理なことではないかもしれません。小さなエネルギーを持つ真空の生成確率を議論している、アンドレイ・リンデやアレキサンダー・ビレンキンなどの著名な物理学者もいます。

その一方で、超弦理論がもし究極の理論ならば、人間原理とは関係なく、小さな真空のエネルギーを決定論的に説明できるはずであると考える物理学者もいます。

超弦理論が現在では未完成な理論である以上、今後の理論の発展次第では、人間原理的な解釈に頼らずに、暗黒エネルギーの問題を解決できる可能性もあります。

超弦理論が究極の統一理論ではない可能性もあり、重力の量子化を目指すそれ以外の理論も存在します。例えばループ量子重力理論では、時空を離散的な最小単位を持つループに分割し、一般相対論の量子化を試みます。このような時空の量子論は、プランク長10^{-35}m程度の超ミクロサイズで重要になり、宇宙の後期加速膨張が関係する大スケール(10^{26}m)とは考えている大きさがかけ離れています。そのため、ループ量子重力理論で暗黒エネルギーの問題を解決する糸口は見つかっていません。

暗黒エネルギーの問題は、大スケールでの一般相対論の修正という新たな問題を提起しているのかもしれず、もしそのような観測的な兆候が見つかれば、スケールは違うとはいえ、一般相対論の量子化に関して何らかのヒントを与えると期待されます。さまざまな観測から、暗黒エネルギーの性質への制限は年々厳しくなってきており、加速膨張の模型は今後ますます絞り込まれていくことでしょう。

最終的に、暗黒エネルギーの状態方程式などの物理量が高い精度で観測から制限され、それらのすべてを忠実に再現する模型が理論的に構築できれば、未来の予測がより確実にできることになります。宇宙が今後も加速膨張を続けるのかもしくは減速膨張期に入るのかの正確な予測は、今後の理論と観測の双方の進展にかかっています。

おわりに

本書では、最先端の宇宙論で宇宙の未来がどのように考えられているかを議論してきました。宇宙の進化は、その中に存在する物質によって決まるので、光子、バリオン、暗黒物質、暗黒エネルギーなどのそれぞれの性質に関して、特に紙面を割いて詳しく解説してきました。

宇宙の後期加速膨張が発見された1998年以前は、宇宙項があったほうがうまく説明ができる観測事実があったものの、その存在は決定的ではなく、現在の宇宙が暗黒物質とバリオンで占められているという模型が一般的でした。また、宇宙の空間曲率に対する制限もその当時は緩く、正の空間曲率を持った閉じた宇宙なども考えられたため、宇宙が減速膨張から将来に収縮に転じるような可能性も考えられたのです。

この状況は、Ia型超新星および宇宙背景輻射の詳細な観測によって一変しました。それらの観測から、暗黒物質以外のもう一つの暗黒成分が約70%も現在の宇宙に存在し、かつ宇宙は平坦に近いことが判明したためです。暗黒エネルギーの性質として厄介なのは、模型によっては状態方程式 w が -1 に近づくのもあれば、将来 w が -1 から離れていくものも考えられる点です。つまり、暗黒エネルギーの起源を明らかにして、初めて今後の宇宙の未来を予測するめどが立つのです。特に、アインシュタインが静的宇宙を実現するために20世紀前半に導入した宇宙項(w＝−1)は、21世紀になって再び脚光を浴びており、今後は暗黒エネルギーの起源が宇宙項かそれ以外のものであるかを判別するのが焦点になっていくでしょう。

２０１１年度のノーベル物理学賞は、宇宙の後期加速膨張の観測的な発見に対して与えられましたが、今後、暗黒エネルギーと暗黒物質の起源が明らかになれば、次のノーベル賞の候補となる画期的な研究となるでしょう。

観測や実験の精度が上がるにつれ、自然界は、さまざまな予想外の姿を見せてきました。一般相対論や素粒子の標準理論の構築の際にも、最初は混沌とした状態から、最後には非常に美しい理論へと完成に至りました。暗黒エネルギーや暗黒物質の問題も例外とは思えず、その背後に思わぬ美しい法則が隠れている可能性があります。それを発見するのは未来のあなたかも知れません。

参考文献

E. Hubble. PNAS15, 3 168-173(1929)
Int. J. Mod. Phys. D15, 1753-1936(2006)
JHEP 0906, 078(2009)
Astrophys. J. 746, 85(2012)
JCAP 1209, 020(2012)

http://www.tecnoao-asia.com/about_abc.html
http://www.phys.u-ryukyu.ac.jp/WYP2005/koudenpamph.html
http://sendaiuchukan.jp/event/news/2009eclipse/soutaisei/soutaisei.html
http://www.nao.ac.jp/astro/comet/
https://www.skatelescope.org/dark-energy/
https://www.rikanenpyo.jp/FAQ/tenmon/faq_ten_009.html
http://www.nasa.gov
http://www.c.u-tokyo.ac.jp/info/about/booklet-gazette/bulletin/541/open/B-1-1.html
http://www.uni.edu/morgans/astro/course/Notes/section3/new15.html
http://map.gsfc.nasa.gov/media/060915/index.html
http://www.cosmos.esa.int/web/planck/picture-gallery
http://apod.nasa.gov/apod/ap050825.html
http://www-nh.scphys.kyoto-u.ac.jp/Activity/axion/
http://www.astroarts.co.jp/news/2007/01/09darkmatter_subaru/index-j.shtml
http://www.resceu.s.u-tokyo.ac.jp/symposium/daigaku&kagaku/MINOWA.pdf
https://community.emc.com/people/ble/blog/2011/10/13/landscape-multiverse

■著者紹介

辻川《つじかわ》　信二《しんじ》　東京理科大学大学院理学研究科准教授。2001年早稲田大学大学院理工学研究科物理学及び応用物理学専攻博士課程修了。博士(理学)。宇宙物理学、相対論を専門とし、著書に『Dark Energy: Theory and Observations』(Cambridge University Press、2010年)、『現代宇宙論講義』(サイエンス社、2013年)などがある。

編集担当 ： 吉成明久　　カバーデザイン ： 秋田勘助（オフィス・エドモント）

SUPERサイエンス
相対性理論が描く宇宙の未来

2015年2月20日　初版発行

著　者　辻川信二

発行者　池田武人

発行所　株式会社　シーアンドアール研究所
本　　社　新潟県新潟市北区西名目所4083-6(〒950-3122)
東京支社　東京都千代田区飯田橋2-12-10日高ビル3F(〒102-0072)
電話　03-3288-8481　FAX　03-3239-7822

印刷所　株式会社　ルナテック

ISBN978-4-86354-163-4　C0042